D1866285

# Impfungen für Kinder

3. überarbeitete Auflage

DEUTSCHES GRÜNES KREUZ FÜR GESUNDHEIT

KILIAN

Heinz-J. Schmitt (Hg.)

Dr. med. P. Reitz
Kinderärztin
Robert-Bosch-Str. 62
61184 Karben

# Impfungen für Kinder

## Großer Schutz für kleine Schätze

DEUTSCHES GRÜNES KREUZ · FÜR GESUNDHEIT

KILIAN

Die Deutsche Bibliothek – CIP-Einheitsaufnahme

Ein Titeldatensatz für diese Publikation ist bei der Deutschen Bibliothek erhältlich.

3. Auflage 2001
© VERLAG im KILIAN, Marburg
Herstellung: medialog, Marburg
Druck: Druckerei Kempkes, Gladenbach
ISBN 3-932091-43-4

Dem Präsidenten des Deutschen Grünen Kreuzes e. V.
und langjährigen Chefarzt der
Rudolf-Virchow-Kinderklinik,
Professor Dr. med. Burghard Stück,
zu seinem 70. Geburtstag in
Dankbarkeit und Würdigung seines
unermüdlichen Einsatzes für die Gesundheit
der Kinder, die Förderung des Präventivgedankens
und sein Engagement für das
Deutsche Grüne Kreuz e. V. gewidmet.

# Vorwort

Das Wort „Kinderkrankheiten" hat in den letzten Jahren einen Bedeutungswandel erlebt. Man bezeichnet heute damit Krankheiten, die vorzugsweise im Kindesalter auftreten und die unbedeutend, vorübergehend und ohne Konsequenzen für den kleinen Patienten sind. Dagegen verstand man noch vor 50 Jahren unter dem Begriff Krankheiten, die häufig zu bleibenden Schäden und zum Tod eines Kindes führten. Dieser Bedeutungswandel ist erfreulich – und er ist ganz wesentlich durch Impfungen bedingt: Noch kurz vor dem Zweiten Weltkrieg registrierte man in Deutschland jährlich mehr als 200.000 Fälle von Diphtherie; mehr als 2.500 Kinder starben pro Jahr allein an dieser Infektionskrankheit. Dazu kamen mehr als 1.500 Todesfälle durch Masern und (bis in die frühen sechziger Jahre) rund 4.000 bis 5.000 Fälle von „Kinderlähmung". Die Statistiken aus der „Vor-Impf-Ära" zeigen unwiderlegbar, dass vor allem Kinder im ersten und dann bis zum fünften Lebensjahr an den genannten Krankheiten verstarben.

Obwohl fundierte Untersuchungen dazu nicht existieren, darf man doch annehmen, dass die Sterblichkeit an „Kinderkrankheiten" in Deutschland unter den derzeitigen Lebensbedingungen geringer ist als noch vor 50 Jahren. Ein wichtiger Grund hierfür ist die flächendeckende Verfügbarkeit von Intensivstationen und insbesondere die Möglichkeit der maschinellen Beatmung. Dennoch verlaufen „Kinderkrankheiten" auch heute nicht immer harmlos: So verstarben noch vor kurzem im Rahmen einer Masern-Epidemie in Bayern mehr als ein Kind von 500 Kindern an dieser – durch Impfung vermeidbaren – Krankheit.

Impfungen nutzen nicht nur dem Einzelnen, indem sie ihn vor schwerer Krankheit, vor Behinderung oder gar vor dem Tod schützen. Impfungen nutzen auch der Gemeinschaft: Hätten wir weiterhin 100.000 Diphtheriefälle pro Jahr, so wäre ein geordnetes Zusammenleben auf dem derzeitigen Niveau der Mobilität, der Kultur und der Wirtschaft schlichtweg unmöglich. Welche Impfungen aktuell im „öffentlichen Interesse" liegen, legt die „Ständige Impfkommission" (STIKO) am Robert Koch-Institut in Berlin fest. Dieses unabhängige nationale Expertengremium wird im Einvernehmen mit der Bundesregierung ernannt und entscheidet zweimal pro Jahr über das, was sozusagen „von Staats wegen" zum Schutz des Einzelnen wie auch der Gemeinschaft als sinnvoll und notwendig erscheint. Die Empfehlungen der STIKO sind im Internet abrufbar *(www.rki.de/GESUND/PRAEV/IMPFEN/ STIKO/STIKO.HTM)*

Über die von der STIKO „allgemein empfohlenen" Impfungen hinaus ist es sinnvoll, sich über weitere Schutzimpfungen zu informieren – etwa über die Möglichkeit einer Impfung gegen Windpocken oder gegen Hepatitis A – allerdings muss der Einzelne für diesen zusätzlichen Schutz selbst bezahlen.

Moderne Impfstoffe sind sicher – nach bestem Wissen gibt es heute keinen bleibenden Schaden mehr durch einen der von der STIKO für Kinder empfohlenen Impfstoffe. Todesfälle an „Kinderkrankheiten" dagegen gibt es in Deutschland aber noch immer. Sie, liebe Eltern, entscheiden auch über Gesundheit und Wohlergehen Ihres Kindes. Für diese Entscheidung finden Sie im vorliegenden Buch wichtige – und vor allem fachlich korrekte – Informationen.

Mainz im Februar 2001

Prof. Dr. med. Heinz-J. Schmitt
Arzt für Kinderheilkunde
Arzt für Mikrobiologie und Infektionsepidemiologie
1. Vorsitzender der STIKO

## Inhalt

# I. Einleitung

Wenn werdende Eltern danach gefragt werden, was sie sich für ihr Kind wünschen, ist die Antwort die gleiche wie schon vor 100 Jahren: „Hauptsache es ist gesund!" Aber ist das ersehnte gesunde Kind erst einmal auf der Welt, wird seine Gesundheit schnell zur Normalität. Für viele Eltern ist es unvorstellbar, dass auch heute noch schwerwiegende Gesundheitsschäden durch Infektionskrankheiten auftreten können. Oft hätte man diese durch Impfungen verhindern können. In Deutschland gibt es heute keine Pflichtimpfungen mehr. Alle Impfungen sind freiwillig. Und so gehört der Entschluss für oder gegen Impfungen zum Schutz des „kleinen Schatzes" vor Infektionskrankheiten zu den frühen Entscheidungen, die Eltern für ihr Kind treffen müssen.

Nicht nur Unwissenheit und mangelnde Aufklärung haben dazu geführt, dass in Deutschland zu viele Kinder, Jugendliche und Erwachsene keinen ausreichenden Impfschutz haben. Auch die Abwendung von der Schulmedizin hin zu alternativen Heilmethoden fördert die ablehnende Haltung mancher junger Eltern gegenüber Schutzimpfungen. Einige meinen, Kinderkrankheiten würden die Abwehrkräfte ihres Kindes trainieren und sich damit sogar gesund-

heitsfördernd auswirken. Diese Eltern sollten sich daran erinnern, dass zahlreiche Infektionskrankheiten sehr gefährlich, zum Teil sogar lebensbedrohend werden können, wenn es zu Komplikationen im Krankheitsverlauf kommt. Nicht zuletzt sollte man auch daran denken, dass ein Rückgang der Impfungen zu einer echten Bedrohung der Gesellschaft werden kann. Denn je mehr Kinder ungeimpft bleiben, desto stärker nimmt die Ausbreitung von Krankheitskeimen zu, so dass es sogar wieder zum Auftreten von Seuchen kommen kann.

## 2. Impfungen vermeiden Krankheiten

Die Einführung der Impfungen zum Schutz vor Infektionskrankheiten war einer der größten Erfolge der Medizin. Dadurch gelang es, die Pocken weltweit und die Kinderlähmung (Poliomyelitis) in Nord- und Südamerika, Australien, Ozeanien und in Europa auszurotten. Aber immer noch sterben auch bei uns Menschen an vermeidbaren Infektionskrankheiten, die sie sich auf Reisen oder auch hier in Deutschland zugezogen haben. Die Weltgesundheitsorganisation (WHO) warnt vor einer Gefährdung durch die Zunahme von Infektionskrankheiten. Weltweit sterben jeden Tag 50.000 Menschen, vor allem Kinder, an Infektionen. Viele dieser Todesfälle könnten durch Impfungen verhindert werden.

In Deutschland sind Impfungen freiwillig. Grundlage für die Impfpläne der Bundesländer sind die Empfehlungen der Ständigen Impfkommission am Robert Koch-Institut (STIKO), eines unabhängigen und vom Robert Koch-Institut in Berlin im Einvernehmen mit dem Bundesministerium für Gesundheit berufenen Expertengremiums, das Impfempfehlungen ausspricht, die zweimal jährlich dem neuesten Stand der Wissenschaft angepasst werden. Da

Infektionskrankheiten und deren Erreger ein weltweites Problem darstellen, berücksichtigt die STIKO auch die Daten der WHO. So wurde zum Beispiel 1983 nach der weltweiten Ausrottung der Pocken die Pocken-Impfpflicht in Deutschland abgeschafft. Die Empfehlung der WHO, bis 1997 die generelle Impfung gegen Hepatitis B in die Kinderimpfpläne aller Industriestaaten aufzunehmen, hat mit dazu geführt, dass die STIKO die Hepatitis-B-Schutzimpfung seit 1995 für alle Säuglinge, Kinder und Jugendliche empfiehlt. In einigen Entwicklungsländern werden – wegen des höheren Infektionsrisikos – Säuglinge bereits seit Jahren gegen Hepatitis B geimpft. Jetzt sollen auch die „entwickelten Länder" ihren Beitrag zur Bekämpfung und raschen weltweiten Ausrottung dieser Infektionskrankheit leisten, an der immer noch mehr als eine Million Menschen in jedem Jahr sterben.

Die Welt ist klein geworden. Innerhalb weniger Stunden erreichen Flugzeuge die entferntesten Orte der Erde. Damit ist auch die Gefahr gewachsen, dass Seuchen in

jedem Land der Erde wieder auftreten können. Zwar haben viele Krankheitserreger auf Grund unseres hohen Lebens- und Hygienestandards kaum eine Chance, sich großflächig auszubreiten (z. B. Cholera oder Typhus), aber anderen Krankheitserregern haben wir außer Schutzimpfungen praktisch nichts entgegenzusetzen. So kann der zunehmende Fernreiseverkehr zum Wiederauftreten von Erkrankungen führen, die wir schon fast vergessen hatten, insbesondere bei nachlassendem Impfschutz.

Die Diphtherie-Epidemie Mitte der neunziger Jahre in Osteuropa bedrohte uns ebenso wie der Ausbruch der Kinderlähmung in den Niederlanden 1992-1993, weil in Deutschland vor allem unter den Erwachsenen ein nur unzureichender Impfschutz besteht. Aber auch bei Kindern ist die Situation nicht optimal. Schuleingangsuntersuchungen zeigen, dass viele Kinder nicht regelgerecht geimpft sind. Zwar wird bei über 80 Prozent der Kinder mit den notwendigen Impfungen begonnen, sie werden jedoch häufig nicht vollständig zu Ende geführt. Besonders bedauerlich ist der Stand der Masern-Impfung in Deutschland. Es ist ein erklärtes Ziel der Bundesregierung wie auch der WHO, die Masern zu beseitigen. Einige Länder sind diesem Ziel auch schon sehr nahe – zum Beispiel die USA, Großbritannien oder Skandinavien. Diese Länder beobachten aber immer wieder Einschleppungen von Masern, insbesondere durch Touristen aus Deutschland.

Um Seuchen zu verhindern, ist es entscheidend, dass schon im Kindesalter möglichst viele Menschen geimpft werden. Nur wenn ein großer Teil in der Bevölkerung geschützt ist, wird die Infektionskette unterbrochen. Dazu ist keine 100-prozentige Immunität erforderlich, eine hohe Durchimpfungsrate innerhalb der Bevölkerung reicht aus. Je ansteckender ein Erreger ist, desto höher muss die Impfrate sein: Bei Diphtherie reicht es aus, wenn 80 Prozent der Menschen geschützt sind, bei Masern müssen es 95 Prozent sein.

In ihrem Programm „Gesundheit für alle bis zum Jahr 2000" hat sich die WHO für die Region Europa zum Ziel gesetzt, Kinderlähmung (Poliomyelitis), Diphtherie, Masern, Mumps und Röteln weitestgehend oder ganz auszurotten.

Aber nicht alle Krankheiten, gegen die Impfungen zur Verfügung stehen, können damit endgültig beseitigt werden. Erreger, die außerhalb des menschlichen Körpers, also in der Umwelt oder im Tierkörper, überleben, sind gewissermaßen unerreichbar, z. B. der Erreger des Wundstarrkrampfes (Tetanus), der vor allem im Erdreich vorkommt. Geschützt ist gegen solche Krankheitserreger nur, wer geimpft ist!

Und noch ein weiterer Aspekt der Schutzimpfungen ist von großer Bedeutung: Der Schutz vor Infektionskrankheiten für all jene Menschen, die z. B. auf Grund von Erkrankungen nicht geimpft werden dürfen oder – etwa im Fall des ungeborenen Kindes – nicht geimpft werden können. Je höher der Anteil der geimpften Personen in der Bevölkerung ist, desto geringer ist das Risiko des Einzelnen sich anzustecken. Wenn alle geimpft würden, bei denen eine Impfung möglich ist, wäre auch für all jene der Schutz am größten, für die eine Impfung nicht in Betracht kommt.

*Impfungen sind also aus vier wesentlichen Gründen zu empfehlen:*

1. *um den Einzelnen vor Infektionskrankheiten zu schützen*
2. *um Seuchen zu verhindern*
3. *um Krankheitserreger auszurotten*
4. *um diejenigen, die nicht geimpft werden können, vor Infektionen zu bewahren, indem die Umgebung geimpft ist*

## WIE WIRKEN IMPFSTOFFE?

Grundsätzlich gibt es zwei Möglichkeiten, Immunität gegen eine Infektionskrankheit zu erzielen. Zum Einen durch eine aktive Immunisierung, also die Impfung, und zum Anderen durch die passive Immunisierung, d.h. durch die Gabe von Antikörpern (Immunglobulinen).

Impfen, also die aktive Immunisierung, ist die Nachahmung eines natürlichen Vorgangs, der immer dann stattfindet, wenn unser Organismus mit Krankheitserregern (Bakterien oder Viren) in Kontakt kommt. Unser

Immunsystem bildet gegen diese Eindringlinge Abwehrstoffe, die sogenannten Antikörper oder Immunglobuline. Diese Abwehrstoffe richten sich stets gegen einen bestimmten Erreger (= Antigen). Kommt der Organismus ein zweites Mal mit demselben Bakterium oder Virus in Kontakt, „erinnert" sich unser Immunsystem und bildet rasch die entsprechenden Antikörper, die das Bakterium oder das Virus vernichten. Man erkrankt nicht noch einmal. Diese natürliche Reaktion des Immunsystems macht man sich beim Impfen zunutze. Dem Organismus werden aber im Gegensatz zur wirklichen Krankheit abgeschwächte oder abgetötete Erreger oder auch nur Bestandteile von Viren und Bakterien zugeführt. Die Impfstoffe haben ihre krankmachende Wirkung verloren, sie sind aber in der Lage, das Immunsystem genau so zur Bildung von Antikörpern anzuregen wie der krankmachende Erreger. Kommt der Geimpfte nun mit einem Krankheitskeim in Kontakt, gegen den er geimpft ist, reagiert das Immunsystem wie nach einer überstandenen Erkrankung: Es erinnert sich an den Erreger, und die entsprechenden Antikörper verhindern das Ausbrechen der Krankheit.

Die Schutzwirkung einer Impfung hält viele Jahre an, bei einigen Impfungen sogar ein Leben lang. Oft dauert es allerdings einige Zeit, bis sich ein belastbarer Impfschutz aufgebaut hat, weil der Organismus die Antikörper erst bilden muss. Es gibt Impfungen, bei denen eine einmalige Dosis für die Grundimmunisierung genügt, bei anderen sind Wiederholungsimpfungen, auch mehrere, erforderlich, bevor ein sicherer Schutz vorhanden ist. Das hängt davon ab, wie stark der Impfstoff das Immunsystem anregt.

Eine Grundimmunisierung, z. B. gegen Tetanus oder Diphtherie, besteht in der Regel aus drei Impfungen: Die ersten zwei Impfungen werden im Abstand von vier bis sechs Wochen gegeben, die dritte nach weiteren sechs bis zwölf Monaten. Diese Impfungen bilden das Gedächtnis des Immunsystems. Ist dieser erste, grundlegende Schutz vorhanden, haben die Krankheitserreger praktisch keine Chance.

Bei der passiven Immunisierung werden dem Körper bereits „fertige" Antikörper zugeführt, er muss also nicht mehr selbst aktiv werden, um sie zu bilden. Die Antikörper werden aus dem Blut von Spendern, die bereits Antikörper gebildet haben, gewonnen. Diese Immunglobuline werden mehrfach gereinigt und ständig kontrolliert, so dass ausgeschlossen ist, dass Krankheitserreger durch sie übertragen werden.

| | *PASSIVE IMMUNISIERUNG* | *AKTIVE IMMUNISIERUNG (IMPFUNG)* |
|---|---|---|
| *Dauer des Schutzes* | vorübergehend, einige Wochen | langanhaltend, viele Jahre bis lebenslang |
| *Inhalt der Spritze* | Antikörper = Immunglobuline (Abwehrstoffe) | abgeschwächte oder abgetötete Krankheitserreger (ganz oder in Teilen) bzw. deren entgiftete Giftstoffe (Toxoide) |
| *Immunsystem des Geimpften* | wird nicht aktiv | wird aktiv und bildet Antikörper |
| *Gedächtnis des Immunsystems* | erhält keine Information | erhält Information, die gespeichert wird |

Die Schutzwirkung von Immunglobulinen setzt sofort ein, hält aber nur einige Wochen an, weil die zugeführten Antikörper allmählich vom Organismus abgebaut werden. Wenn sowohl ein sofortiger als auch ein andauernder Schutz vor einer Infektion erforderlich ist, kann man Immunglobuline auch gleichzeitig mit einer Impfung geben. Diese passiv-aktive Immunisierung, auch Simultanprophylaxe genannt, kann beispielsweise beim Schutz vor Tetanus oder Tollwut lebensrettend sein. Die Immunglobuline schützen den Patienten bis der Körper eigene Antikörper gebildet hat. Diesen Umstand macht man sich auch beim Schutz von Neugeborenen zunutze, wenn deren Mütter bei der Geburt mit Hepatitis B infiziert sind. Beim routinemäßigen Bluttest während der Schwangerschaft wird untersucht, ob eine Frau Hepatitis-B-Virusträgerin ist. Da das Hepati-

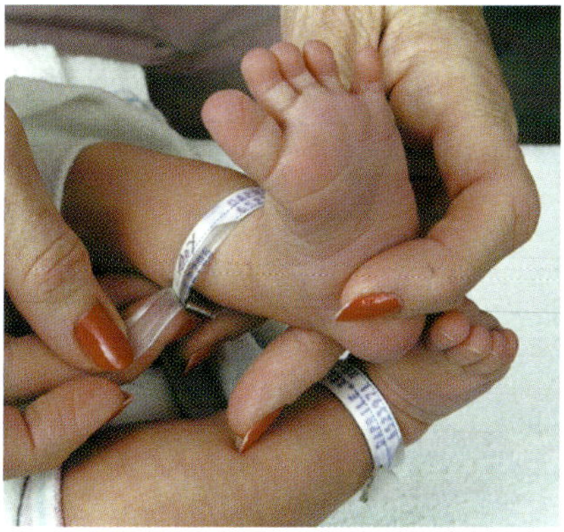

tis-B-Virus während der Entbindung von der Mutter auf das Kind übertragen werden kann, erhält das Neugeborene unmittelbar nach der Geburt eine Simultanprophylaxe gegen Hepatitis B, also eine Hepatitis-B-Impfung und gleichzeitig eine Spritze mit Hepatitis-B-Immunglobulin. Die Impfung wird später noch zwei Mal wiederholt. Unterbleibt diese Vorsichtsmaßnahme, droht dem Kind bei Ansteckung in 90 Prozent der Fälle eine chronische Hepatitis-B-Infektion.

Eine besondere, gewissermaßen natürliche Form der passiven Immunisierung ist der sogenannte Nestschutz. In den ersten Lebensmonaten besitzen Neugeborene noch Antikörper, die sie von der Mutter über die Nabelschnur erhalten haben. Ein derartiger Schutz hält jedoch nur wenige Monate an und ist auch nicht gegen alle Krankheiten vorhanden. Danach muss der Säugling verstärkt eigene Abwehrkräfte entwickeln. Impfstoffe regen sein Immunsystem dann gezielt an. Das Immunsystem des Säuglings ist nicht – wie oft geglaubt – „unreif". Vielmehr reagiert es nur in bestimmten Teilen anders als das Immunsystem des Erwachsenen. Für sogenannte kapseltragende Bakterien (z. B. Keuchhusten-Erreger, Pneumokokken oder Hib-Bakterien) sind Säuglinge daher besonders anfällig. Impfungen tragen dem Rechnung und geben gerade hier Schutz. Keinesfalls kann das Immunsystem eines Säuglings durch Impfungen überlastet werden, es wird jedoch für die Zukunft trainiert.

| *AKTIVE IMMUNISIERUNG (Tot- und Lebendimpfstoffe)* | *PASSIVE IMMUNISIERUNG (Immunglobuline oder Seren)* |
|---|---|
| Diphtherie | Diphtherie-Heilserum* |
| FSME | FSME-Immunglobulin |
| Haemophilus influenzae b (Hib) | |
| Hepatitis A | Normales Gammaglobulin |
| Hepatitis B | Hepatitis-B-Immunglobulin |
| Influenza | |
| Keuchhusten (Pertussis) | |
| Kinderlähmung (Poliomyelitis) | |
| Masern | |
| Mumps | |
| Pneumokokken | |
| Röteln | Röteln-Immunglobulin |
| Tollwut | Tollwut-Immunglobulin |
| Windpocken (Varizellen) | Varicella-Zoster-Immunglobulin |
| Wundstarrkrampf (Tetanus) | Tetanus-Immunglobulin |

* tierisches Serum, nur zur Behandlung einer Diphtherie-Erkrankung

## WELCHE ARTEN VON IMPFSTOFFEN GIBT ES?

Man unterscheidet zwei Arten von Impfstoffen: Totimpfstoffe und Lebendimpfstoffe. Totimpfstoffe enthalten abgetötete Viren oder Bakterien vollständig oder in Teilen (z. B. der Hib-, der Keuchhusten-, der Hepatitis-B- und heute auch der Kinderlähmungs-Impfstoff). Dazu gehören auch die sogenannten Toxoid-Impfstoffe, die das unschädlich gemachte Gift (Toxoid) eines Krankheitserregers enthalten (z. B. die Tetanus- und Diphtherie-Impfstoffe).

| | *TOT-IMPFSTOFFE* | *LEBEND-IMPFSTOFFE* |
|---|---|---|
| *Viren* | FSME<br>Hepatitis A<br>Hepatitis B<br>Influenza<br>Kinderlähmung (Injektionsimpfung IPV)<br>Tollwut | Röteln<br>Masern<br>Mumps<br>Windpocken (Varizellen)<br>Kinderlähmung (Schluckimpfung OPV)* |
| *Bakterien* | Diphtherie<br>Haemophilus influenzae b (Hib)<br>Keuchhusten (Pertussis)<br>Meningokokken (2 verschiedene Impfstoffe)<br>Pneumokokken (2 verschiedene Impfstoffe)<br>Wundstarrkrampf (Tetanus) | Tuberkulose* |

* bei uns heute nicht mehr empfohlen

Lebendimpfstoffe dagegen enthalten abgeschwächte, lebende Keime, die zwar das Immunsystem zur Bildung von Abwehrstoffen anregen, selbst aber nicht krank machen.

Die Verabreichung der Impfstoffe erfolgt meist durch eine Injektion in den Muskel (intramuskulär, i. m.) oder unter die Haut (subcutan, s. c.).

## WO KÖNNEN SIE IHR KIND IMPFEN LASSEN?

Impfungen zum Schutz Ihres Kindes vor Infektionskrankheiten werden in der Regel vom Kinderarzt (oder Hausarzt) vorgenommen, meist anlässlich einer Vorsorgeuntersuchung. Darüber hinaus bieten die Gesundheitsämter, oft im Rahmen der Mütterberatung, Schutzimpfungen an, auch Reihenimpfungen in den Schulen sind üblich. Eine Impfung kann nur mit Zustimmung des Impflings beziehungsweise mit Zustimmung der Eltern oder des Sorgeberechtigten erfolgen. Um den Stand des Impfschutzes festzustellen und eventuelle Impflücken beseitigen zu können, ist die Vorlage des Impfpasses wichtig. Die Eintragungen im Impfpass sind nicht nur beim Impftermin für den Arzt maßgebend. Bei einer Verletzung etwa wird die Entscheidung, ob gegen Tetanus geimpft werden muss, davon abhängig sein, ob aus dem Impfpass bereits eine ausreichende Zahl von Tetanus-Impfungen ersichtlich ist oder nicht.

*Der Impfpass dokumentiert den Stand des Impfschutzes – ein Leben lang!*

## SIND „KINDERKRANKHEITEN" HARMLOS?

Die sogenannten Kinderkrankheiten, z. B. Masern oder Mumps, gegen die heute erfolgreich geimpft werden

kann, sind nicht so harmlos, wie sie oftmals dargestellt werden. Ihre Bezeichnung haben sie daher, dass sich früher vorwiegend Kinder mit diesen hochinfektiösen Erregern ansteckten und – wenn sie diese überlebten – die Krankheit daher bis zum Erwachsenenalter schon durchgemacht hatten. Aber heute erkranken nicht nur Kinder an diesen Infektionen, auch Jugendliche und Erwachsene sind zunehmend davon betroffen. Der Krankheitsverlauf ist bei ihnen dann oft um vieles schwerer. Vor allem wenn ältere Menschen in Folge eines chronischen Grundleidens (z. B. Herz-Kreislauf-Erkrankungen oder Diabetes mellitus) weniger Widerstandskräfte besitzen, ist der Krankheitsverlauf bei ihnen sehr schwer. Deshalb sollten auch Erwachsene gegen dieselben Infektionskrankheiten geschützt sein, wie dies bei Kindern angestrebt wird.

Die Ursachen für die Verschiebung ins höhere Lebensalter sind verbesserte hygienische Bedingungen, ein höherer Lebensstandard und auch Impfungen. Dadurch wird die Wahrscheinlichkeit eines Kontaktes mit ansteckenden Erregern reduziert. Auch der Trend zu Familien mit nur einem Kind sowie kleine Gruppen in Kindergärten und Schulen verringern die Wahrscheinlichkeit, sich schon frühzeitig mit „Kinderkrankheiten“ anzustecken. Deshalb erkranken viele erst im Erwachsenenalter. Dies beobachtet man bei Erkrankungen, gegen die geimpft werden kann, z. B. Masern, ebenso wie bei Infektionen, gegen die es keine Impfung gibt, z. B. Ringelröteln.

Wirksamen Impfprogrammen ist es zu verdanken, dass der Kampf gegen die klassischen Kinderkrankheiten wie Diphtherie, Masern, Mumps und Röteln recht erfolgreich geführt werden konnte. Wir sollten dazu beitragen, dass dies so bleibt.

# 3. REGELIMPFUNGEN: KRANKHEITSBILD UND IMPFUNG

## DIPHTHERIE

Die Diphtherie ist eine schwere bakterielle Infektionskrankheit. Vor der Einführung des Diphtherie-Heilserums und der Schutzimpfung gehörte diese als „Würgeengel der Kinder" bezeichnete Erkrankung zu den gefürchtetsten Kinderkrankheiten überhaupt. Und auch heute noch ist sie, trotz unserer fortschrittlichen Medizin, lebensbedrohend und keineswegs besiegt. Die WHO berichtete 1997, dass in den Staaten der ehemaligen Sowjetunion seit 1990 über 150.000 Erkrankungen mit mehr als 4.000 Todesfällen auftraten. Das waren mehr als 90 Prozent aller Diphtherie-Fälle weltweit.

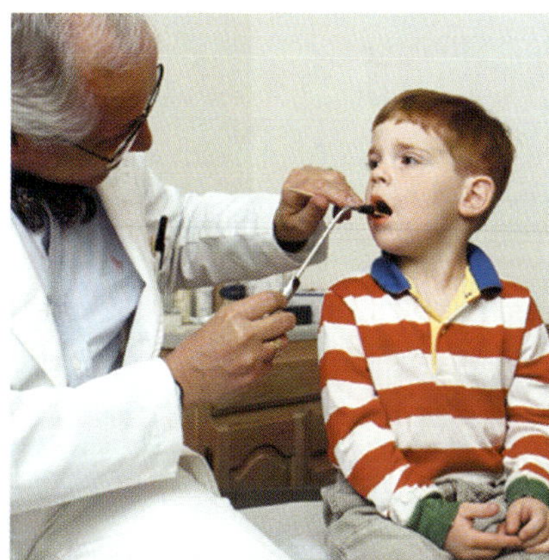

KRANKHEITSBILD: Die Diphtherie wird durch das Gift (Toxin) des Diphtherie-Bakteriums (Corynebacterium diphtheriae) verursacht, das sich in den oberen Atemwegen vermehrt. Die Inkubationszeit liegt zwischen wenigen Stunden und fünf Tagen. Die Krankheit beginnt mit einer entzündlichen Rötung und Schwellung im Nasen-Rachenraum. Es bilden sich weiße Stippchen auf den Mandeln, die bald zu gelblich-grauen Belägen bis in den Gaumen und oberen Rachenbereich zusammenfließen. Das Fieber ist in der Regel sehr hoch. Wenn der Kehlkopf mit betroffen ist, kann die Schwellung im Hals so stark sein, dass Erstickungsgefahr droht. Dann ist sofortiges ärztliches Eingreifen durch Intubation oder Luftröhrenschnitt erforderlich. Daneben gibt es eine besonders bösartige Form, die toxische Diphtherie. Der Erreger bildet als Stoffwechselprodukt ein Gift, das zu den stärksten bekannten biologischen Giften gehört. Hat sich dieses Gift erst einmal im Körper festgesetzt, helfen dem Erkrankten weder Antibiotika noch Diphtherie-Heilserum. Schwere Herz-, Leber- und Nierenschäden können auftreten. Es ist daher wichtig, schon beim geringsten Verdacht einen Arzt aufzusuchen, damit das Heilserum so schnell wie möglich gespritzt werden kann.

Nur die IMPFUNG mit Toxoid-Impfstoff bietet ausreichenden Schutz vor dieser Infektionskrankheit. Dadurch wird der Körper zur Bildung von Gegengiften (Anti-Toxin-Antikörper) angeregt, die verhindern, dass das Gift seine schädigende Wirkung entfaltet. Trifft den Körper nun eine Diphtherie-Infektion, so sind bereits Gegengifte vorhanden. Infektionen mit Diphtherie können also trotz Impfung vorkommen, sie zeigen jedoch, wenn überhaupt, einen sehr leichten Krankheitsverlauf. Eine überstandene Diphtherie-Erkrankung schützt nicht lebenslang vor einer erneuten Ansteckung. Auch ehemalige Diphtherie-Patienten müssen sich daher impfen lassen.

*Übrigens: Auch gesunde Menschen können den Diphtherie-Erreger unerkannt im Nasen-Rachenraum tragen und ihn so weiter verbreiten!*

Mögliche Impfreaktionen können eine schmerzempfindliche Schwellung an der Injektionsstelle, allgemeines Unwohlsein, Gliederschmerzen und Fieber sein.

## Information in Stichworten

- ERREGER: Bakterium Corynebacterium diphtheriae

- ÜBERTRAGUNGSWEGE: von Mensch zu Mensch direkt durch Tröpfcheninfektion (der direkte Übertragungsweg durch infizierte Gegenstände ist zu vernachlässigen)

- INKUBATIONSZEIT: wenige Stunden bis fünf Tage

- KRANKHEITSBILD: akute Schleimhautinfektion im Nasen-Gaumen-Rachen-Bereich, die durch das Gift des Erregers zu schweren örtlichen und allgemeinen Reaktionen führt (Vergiftung); Todesfälle durch Ersticken oder Vergiftung sind möglich.

- ANSTECKUNGSFÄHIGKEIT: prinzipiell so lange Bakterien nachweisbar sind

IMMUNITÄT (nach Erkrankung): eine erneute Erkrankung nach Jahren ist möglich.

IMPFUNG:
- ab dem 3. Lebensmonat: 2 Impfungen im Abstand von 4 bis 6 Wochen (bei Kombinationsimpfstoffen mit Keuchhustenanteil 3 Impfungen)
- ab dem 12. Lebensmonat: 3. bzw. 4. Impfung
- ab dem 6. Lebensjahr: Auffrischimpfung
- ab dem 11. bis 18. Lebensjahr: Auffrischimpfung
- im Erwachsenenalter: regelmäßige Auffrischimpfungen alle 10 Jahre

## WUNDSTARRKRAMPF (TETANUS)

Wundstarrkrampf ist eine akute, oft tödlich verlaufende Infektionskrankheit, die – unabhängig vom Alter – alle Menschen bedroht. Der Erreger, das Tetanusbazillus (Clostridium tetani), ist weltweit verbreitet. Es findet sich in der Erde und als Darmbakterium besonders bei Pferden und Rindern. Seine Dauerformen, die sogenannten Sporen, können überall in unserer Umgebung, in der Erde, dem Straßenstaub, im Gras und Heu sowie an Holzsplittern, Dornen und rostigen Ge-

genständen überleben. Die Infektion erfolgt durch Wunden, Verbrennungen der äußeren Haut, gelegentlich auch durch Schleimhautwunden, die mit Erde, Staub und Ähnlichem verunreinigt sind. Besonders gefährlich sind Wunden an Händen oder Füßen, die schlechter durchblutet sind als der Rumpf. So können alltägliche Bagatellverletzungen, zum Beispiel durch einen infizierten Holzsplitter in der Hand oder Schnitte und Risse im Fuß, zu einer Infektion führen. Vor allem tiefe Wunden sind gefährlich, denn das Tetanusbakterium kann nur überleben, wenn es nicht mit Sauerstoff in Kontakt kommt. Solche Wunden sollte man am besten offen halten, damit Luft an sie heran kommt.

In der Dritten Welt spielt der Wundstarrkrampf der Neugeborenen (neonataler Tetanus) auch heute noch eine große Rolle. Hierbei infizieren sich die Neugeborenen über die Nabelwunde. Weltweit starben 1997 mindestens 250.000 Kinder an dieser Infektionskrankheit (Angaben der WHO).

In die Wunde eingedrungene Tetanus-Bazillen vermehren sich unter Sauerstoffmangel und bilden das krankmachende Gift Tetanus-Toxin. Dieses setzt sich an den Nervenenden in den Muskeln fest und führt zu den für das KRANKHEITSBILD typischen schweren Muskelkrämpfen, die auch die Zwerchfell- und Atemmuskulatur betreffen können. Ohne ärztliche Hilfe verläuft die Hälfte der Erkrankungen tödlich. Aber auch bei den modernen Therapieverfahren sterben heute noch mehr als 25 Prozent der an Tetanus Erkrankten. Behandelt werden können nur die Symptome der Krankheit. Das Gift des Bakteriums kann mit Medikamenten nicht bekämpft werden, denn bereits nach Ausbruch der Krankheit hat sich das Gift im gesamten Körper verteilt, so dass mit Tetanus-Immunglobulin nur ein kleiner Teil des Giftes abgefangen werden kann.

*Den einzig sicheren Schutz vor dieser Infektionskrankheit bietet die IMPFUNG mit Toxoid-Impfstoff.*

Eine schmerzempfindliche Schwellung an der Einstichstelle, Unwohlsein, Kopfschmerzen und leichtes Fieber sind die häufigsten Impfreaktionen, die aber nicht bei jedem Kind und nicht bei jeder Impfung auftreten, sondern eher selten beobachtet werden.

## Information in Stichworten

ERREGER: Bakterium Clostridium tetani

ÜBERTRAGUNGSWEGE: aus der Umgebung auf den Menschen bei Verletzungen der Haut oder Schleimhaut

INKUBATIONSZEIT: drei Tage bis vier Wochen, meist aber 15 Tage; schwere Fälle haben oft eine kurze Inkubationszeit.

KRANKHEITSBILD: gekennzeichnet durch Muskelkrämpfe; ist die Atemmuskulatur betroffen, droht der

Erstickungstod; trotz intensivmedizinischer Behandlung sterben etwa 25 Prozent der Erkrankten.

ANSTECKUNGSMÖGLICHKEIT: eine Übertragung von Mensch zu Mensch ist nicht möglich.

IMMUNITÄT (nach Erkrankung): die Erkrankung hinterlässt keine Immunität.

IMPFUNG:

- ab dem 3. Lebensmonat: 2 Impfungen im Abstand von 4 bis 6 Wochen (bei Kombinationsimpfstoffen mit Keuchhustenanteil 3 Impfungen)
- ab dem 12. Lebensmonat: 3. bzw. 4. Impfung
- ab dem 6. Lebensjahr: Auffrischimpfung
- ab dem 11. bis 18. Lebensjahr: Auffrischimpfung
- im Erwachsenenalter: regelmäßige Auffrischimpfungen alle 10 Jahre

Bei Verletzungen mit stark verschmutzten tiefen Wunden ist es ratsam, sich bereits impfen zu lassen, wenn die letzte Impfung fünf Jahre zurückliegt.

## KEUCHHUSTEN (PERTUSSIS)

Keuchhusten, eine durch das Keuchhusten-Bakterium (Bordetella pertussis) hervorgerufene Erkrankung der oberen Luftwege, gehört zu den gefährlichsten Infektionskrankheiten im Säuglingsalter.

Die Ansteckung erfolgt durch Tröpfcheninfektion von Mensch zu Mensch. Nach einer Inkubationszeit von sieben bis 14 Tagen beginnt ein etwa zehn Tage andauerndes Stadium (Stadium catarrhale). Es ist gekennzeichnet durch Schnupfen, manchmal eine Bindehautentzündung und einen meist nachts auftretenden zunächst noch nicht charakteristischen Husten, der allmählich in einen Krampfhusten übergeht. In dieser Zeit, in der man den Husten meist noch gar nicht für Keuchhusten hält, ist die Krankheit am ansteckendsten. Das typische KRANKHEITSBILD zeigt sich in dem nun folgenden Anfallsstadium (Stadium convulsivum) mit heftigen bellenden, stakkatoartigen Hustenstößen und anschließend ziehendem und keuchendem Einatmen. Diese Hustenanfälle wiederholen sich in kurzen Abständen, bis sie mit der Entleerung eines zähen glasigen Schleims – häufig auch mit Erbrechen – enden. Die Zahl der Hustenanfälle schwankt zwischen fünf und 50 innerhalb von 24 Stunden. Bei Säuglingen kommen anfallsweise auftretende, lebensbedrohende Atemstillstände hinzu. Das Anfallsstadium dauert im Allgemeinen drei bis vier Wochen; es kann aber in manchen Fällen bis zu einem halben Jahr andauern.

Bedrohlich ist Keuchhusten auch wegen der schwerwiegenden Komplikationen, von denen insbesondere Lungenentzündung, Mittelohrvereiterung und Gehirnentzündung zu nennen sind. Selbst moderne Behandlungsmöglichkeiten können die oft schwerwiegenden Verläufe und Folgen der Erkrankung nicht in jedem Fall verhindern. Tödlich verlaufende Keuchhustenerkrankungen kommen auch heute noch vor, vor allem, wenn Säuglinge im ersten Lebensjahr betroffen sind. Gegen Keuchhusten erhalten Neugeborene keinen ausreichenden Nestschutz von ihren Müttern. Sie können daher bereits in den ersten Lebenstagen erkranken. Im ersten halben Lebensjahr kann Keuchhusten „stumm", ohne den typischen Husten, verlaufen. Die auftretende Atemnot birgt für die Säuglinge die Gefahr des Erstickens und ist nach heutigem Erkenntnisstand eine der Ursachen für den plötzlichen Kindstod. Daher ist es bei ungeimpften Kindern besonders wichtig, dass die Erkrankung so früh wie möglich erkannt wird. Im späteren Stadium kann die Krankheit mit Antibiotika nicht mehr behandelt werden.

Da die IMPFUNG immer noch nicht ausreichend durchgeführt wird, ist Keuchhusten nach wie vor eine der häufigsten – durch Impfung zu verhütenden – Infektionskrankheiten im Kindesalter. Die STIKO empfiehlt, dass die Säuglinge so früh wie möglich – wenn sie acht Wochen alt sind – gegen Keuchhusten geimpft werden. Außerdem sollen – und dies ist ganz neu! – alle Jugendliche zwischen dem 11. und 18. Lebensjahr routinemäßig eine Auffrischimpfung gegen Keuchhusten erhalten. Wenn sie im Kin-

desalter noch nicht oder nicht ausreichend geimpft wurden, soll dies ebenfalls nachgeholt werden.

Seit 1994 haben die besser verträglichen, azellulären Impfstoffe die früher gebräuchlichen Ganzkeimimpfstoffe abgelöst. Sie enthalten nicht mehr den ganzen Keim (Ganzkeimimpfstoff), sondern nur noch jene Bestandteile des Erregers, die die Immunantwort im Körper des geimpften Kindes hervorrufen. Impfreaktionen wie schmerzhafte Schwellungen und Rötungen an der Einstichstelle sowie hohes Fieber treten bei diesen Impfstoffen seltener auf. In einigen Ausnahmefällen schreit das Kind als Reaktion auf die Impfung heftig und anhaltend. Auch Überempfindlichkeitsreaktionen sind gelegentlich beobachtet worden. Andere Nebenwirkungen, z. B. Fieberkrämpfe, die das eventuell auftretende Fieber begleiten können, sind extrem selten und haben keine Folgen. Die Anwendung von fiebersenkenden Medikamenten kann bei Kindern, die leicht fiebern, diese Nebenwirkung deutlich vermindern. Seit Einführung der azellulären Impfstoffe hat die Zahl der Impfungen gegen Keuchhusten zwar deutlich zugenommen, ist aber immer noch nicht ausreichend.

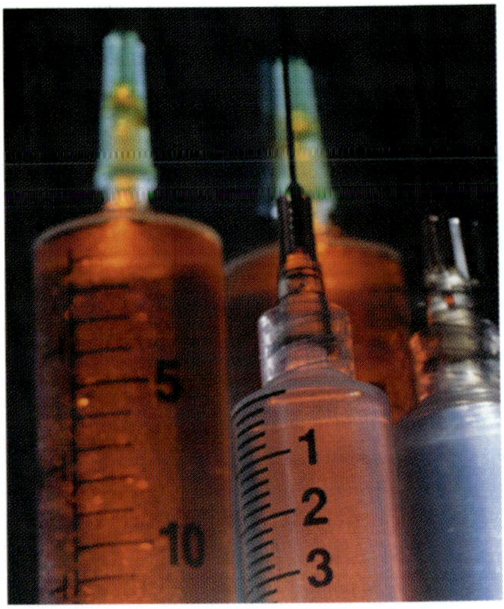

Auch alle Jugendliche zwischen dem 11. und 18. Lebensjahr sollen ausreichend gegen Keuchhusten geimpft sein. Seit Januar 2000 empfiehlt die STIKO daher die Impfung auch in diesem Alter. Da der Impfschutz zehn bis 15 Jahre anhält, sind sie dann auch als junge Erwachsene geschützt und werden nicht zur Infektionsquelle für ihre Kinder.

## Information in Stichworten

ERREGER: Bakterium Bordetella pertussis

ÜBERTRAGUNGSWEGE: von Mensch zu Mensch durch Tröpfcheninfektion und durch direkten Kontakt mit Kranken

INKUBATIONSZEIT: sieben bis 14 Tage, selten bis zu 21 Tagen

KRANKHEITSBILD: sich steigernde, starke, bellende Hustenanfälle bis zur Atemnot mit pfeifendem, keuchendem Einatmen; oft Erbrechen zähen Schleims; Todesfälle vor allem im ersten Lebensjahr

ANSTECKUNGSFÄHIGKEIT: von den ersten Symptomen, wie Husten und Heiserkeit, bis zu 40 Tagen

IMMUNITÄT (nach Erkrankung): bis zu 20 Jahren; Erwachsene werden nicht selten von Kindern angesteckt und erkranken erneut; Erwachsene können eine – meist unbekannte – Ansteckungsquelle für junge Kinder sein, da der langwierige Husten bei ihnen gar nicht als Keuchhusten erkannt wird.

IMPFUNG:

- ab dem 3. Lebensmonat: 3 Impfungen im Abstand von 4 Wochen
- ab dem 12. Lebensmonat: 4. Impfung
- im 11. bis 18. Lebensjahr: 1 Auffrischimpfung bzw. Nachholen oder Ergänzen einer unvollständigen Grundimmunisierung

## HAEMOPHILUS INFLUENZAE B (HIB)

Die invasive Hib-Erkrankung ist eine der schwersten bakteriellen Infektionen in den ersten fünf Lebensjahren. Für Kinder zwischen dem sechsten und 18. Lebensmonat ist das Erkrankungsrisiko am größten. Der Erreger (Bakterium Haemophilus influenzae Typ b) kommt nur beim Menschen vor und findet sich vor allem auf den Schleimhäuten der oberen Atemwege, auch gelegentlich bei Gesunden. Eine Übertragung findet über Tröpfchen- oder Kontaktinfektion statt; die Inkubationszeit liegt zwischen zwei und fünf Tagen.

Die Erkrankung beginnt als fieberhafte Infektion des Nasen-Rachenraums, die zu weiteren KRANKHEITSBILDERN wie Mittelohrentzündung, Nasennebenhöhlenentzündung, Bronchitis und Lungenentzündung führen kann. Die gefürchtetste Komplikation ist eine eitrige Hirnhautentzündung (Meningitis). Unbehandelt sterben 60 bis 90 Prozent der daran Erkrankten. Aber auch bei rechtzeitiger Behandlung mit wirksamen Antibiotika beträgt die Todesrate noch mehr als fünf Prozent. Nach überstandener Hirnhautentzündung kommt es oftmals zu Defektheilungen mit dauerhaften Schäden des Nervensystems (bis zu 30 Prozent), z. B. Hörschäden, Sehstörungen und geistigen Störungen. Etwa fünf Prozent der Kinder sind nach einer Hib-Hirnhautentzündung körperlich und geistig schwerst behindert. Weitere Komplikationen einer Hib-Infektion können eine sehr plötzlich einsetzende Kehlkopfentzündung mit Erstickungsgefahr (Pseudokrupp), Brustfellentzündung, Gelenkentzündung, Blutvergiftung und Knochenhautentzündung sein.

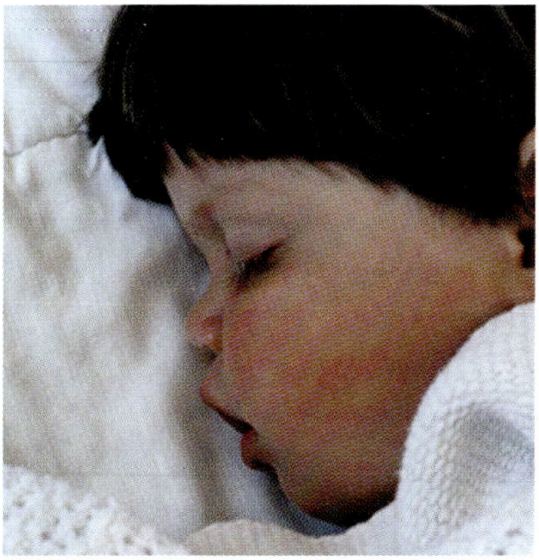

Bereits zwei Jahre nach Einführung der IMPFUNG in Deutschland im Jahr 1990 sind Hib-Infektionen – und damit ihre schweren Komplikationen – um mehr als 80 Prozent zurückgegangen. *Entscheidend ist, dass Kinder so früh wie möglich vor Hib geschützt werden, denn Säuglinge sind die am meisten gefährdete Gruppe.* Nach dem sechsten Lebensjahr ist die Impfung nur noch in Ausnahmefällen (z. B. für Kinder, denen die Milz fehlt) angezeigt.

Über Impfreaktionen, wie leichte Temperaturerhöhung oder Rötung und Schwellung an der Einstichstelle, wird gelegentlich berichtet. Im Allgemeinen treten diese Reaktionen nach der zweiten und dritten Impfung etwas häufiger auf als nach der ersten.

## Information in Stichworten

ERREGER: Bakterium Haemophilus influenzae b (Hib)

ÜBERTRAGUNGSWEGE: von Mensch zu Mensch durch Tröpfcheninfektion

INKUBATIONSZEIT: zwei bis fünf Tage

KRANKHEITSBILD: fieberhafte Infektion des Nasen-Rachenraums mit Mittelohrentzündung, Nasennebenhöhlenentzündung und Lungenentzündung; gefürchtete Komplikationen sind Hirnhautentzündung oder Entzündungen des Kehldeckels, die mit Erstickungsanfällen verbunden sind, bleibende Behinderungen und Todesfälle sind möglich.

ANSTECKUNGSFÄHIGKEIT: solange Keime aus dem Nasen-Rachenraum isoliert werden können

IMMUNITÄT (nach Erkrankung): keine sicheren Angaben vorhanden, sehr selten erneute Infektionen bei Kindern unter zwei Jahren; erhöhtes Infektions- und Komplikationsrisiko nach Entfernung der Milz

IMPFUNG:
ab Ende des 2. Lebensmonats: 2 Impfungen im Abstand von 4 Wochen (bei Kombinationsimpfstoffen mit Keuchhustenanteil 3 Impfungen)
ab dem 12. Lebensmonat: 3. bzw. 4. Impfung
bei verspäteter 1. Impfung nach dem 18. Lebensmonat: nur eine Impfung

## KINDERLÄHMUNG (POLIOMYELITIS)

Die Kinderlähmung ist eine durch Viren hervorgerufene akute Infektionskrankheit. Der Erreger, das Polio-Virus, kommt in drei unterschiedlichen Typen (I, II und III) vor und hat vor der Entwicklung des Impfstoffes in den fünfziger Jahren auch in den Industriestaaten große Epidemien verursacht. Der natürliche Wirt für das Virus ist nur der Mensch.

Die Übertragung erfolgt über Schmierinfektion: Die Viren werden über den Magen-Darm-Trakt aufgenommen, vermehren sich im Darm und werden mit dem Stuhl wieder ausgeschieden. Die Empfänglichkeit für die Viren ist sehr groß, doch verlaufen die meisten Infektionen ohne Symptome und führen zu einer lebenslangen Immunität – allerdings nur gegen den einen Virustyp, der die Infektion verursacht hat. Zum KRANKHEITSBILD gehören durch den Befall des Zentralnervensystems hervorgerufene Lähmungen der Arme, Beine und der Atmung. Nur bei rund jedem zehnten Infizierten treten sichtbare Krankheitszeichen auf; bei ca. jedem 100. bis

1.000. kommt es zu Lähmungserscheinungen, die meist zu bleibenden Schäden und damit zu lebenslanger Behinderung oder sogar zum Tod führen können. Das Wort Poliomyelitis kommt aus dem Griechischen „polio" = grau und „myelon" = Mark und beschreibt das Gewebe im Rückenmark, das vom Virus befallen wird. *Medikamente, mit denen die Erkrankung geheilt werden könnte, gibt es nicht.* Jahre später kann das sogenannte Postpoliosyndrom (Müdigkeit, Atem- sowie Muskelschwäche und Muskelschwund) auftreten, dessen Ursache bis heute nicht ausreichend geklärt ist.

Dank umfassender Impfkampagnen ist es in den vergangenen zehn Jahren gelungen, die Zahl der Erkrankungen an Kinderlähmung weltweit um 90 Prozent zu senken. Heute wird Kinderlähmung nur noch aus Teilen Afrikas und Asiens gemeldet.

Der gesamte amerikanische Kontinent ist seit 1994 frei von Kinderlähmung. In Europa trat der letzte Fall 1998 in der Türkei auf. In Asien und Afrika dagegen ist Kinderlähmung immer noch verbreitet. So lange es solche Regionen gibt, muss auf einen guten Impfschutz unbedingt geachtet werden, da eine Einschleppung des Virus immer möglich ist.

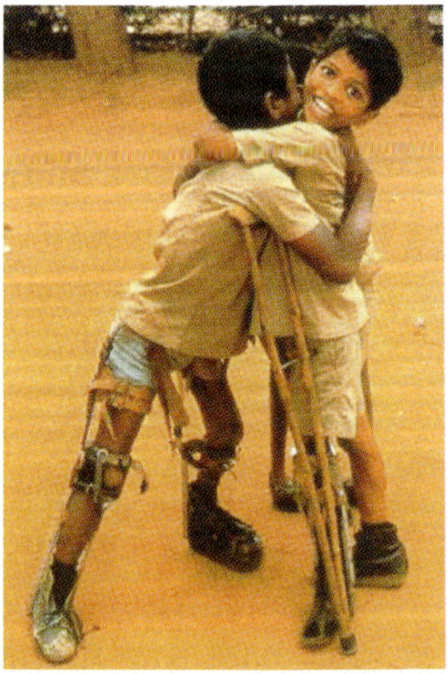

Seit Anfang 1998 empfiehlt die STIKO nicht mehr die Schluckimpfung zum Schutz vor Kinderlähmung, sondern einen Impfstoff, der gespritzt wird. Während der Schluckimpfstoff (OVP) vermehrungsfähige abgeschwächte Viren enthielt, besteht der zu spritzende Impfstoff aus inaktivierten – also abgetöteten – Polioviren (IPV). Beide Impfstoffe sind gleich wirksam. Die weltweite Zurückdrängung der Poliomyelitis ist in erster Linie Impfprogrammen mit der Schluckimpfung zu verdanken. Nach der Schluckimpfung kam es jedoch in seltenen Fällen zu Lähmungserscheinungen beim Geimpften selbst oder bei ungeimpften Kontaktpersonen; dieses Risiko besteht bei der Impfung mit Totimpfstoff nicht.

Die letzte Polio-Erkrankung, die in Deutschland auftrat, wurde 1990 gemeldet. Seither sind nur einzelne eingeschleppte Fälle aufgetreten oder aber Lähmungen durch die Schluckimpfung. So wurden von 1991 bis 1998 in Deutschland 16 Poliomyelitis-Erkrankungen registriert, zwei davon wurden aus Indien bzw. Ägypten eingeschleppt, und 14 traten als Folge der Schluckimpfung auf.

Wenn die Impfungen vorher mit dem Lebendimpfstoff vorgenommen wurden, können die fehlenden Impfungen oder Auffrischimpfungen mit IPV ergänzt werden. OPV wird einfach durch IPV ersetzt. Es sind keine zusätzlichen Impfungen notwendig. Wenn verfügbar, sollten insbesondere bei Säuglingen und Kleinkindern Kombinationsimpfstoffe verwendet werden, die auch die anderen erforderlichen Impfstoff-Anteile enthalten, z. B.

gegen Wundstarrkrampf (Tetanus), Diphtherie, Keuchhusten (Pertussis), Hib-Erkrankung und gegen Hepatitis B.

An vorübergehenden Impfreaktionen können Rötungen an der Impfstelle sowie Beschwerden wie Gliederschmerzen, Abgeschlagenheit oder leichtes Fieber auftreten.

## Information in Stichworten

- ERREGER: Polio-Viren der Typen I, II und III

- ÜBERTRAGUNGSWEGE: von Mensch zu Mensch, durch Schmierinfektion durch Kot

- INKUBATIONSZEIT: etwa ein bis zwei Wochen, gelegentlich bis zu 35 Tagen

- KRANKHEITSBILD: zunächst grippeähnliche Symptome, bei Befall des Zentralnervensystems Lähmungen der Arme, Beine oder der Atmung; Todesfälle meist durch Atemlähmung

- ANSTECKUNGSFÄHIGKEIT: beginnt zwei bis drei Tage nach Aufnahme des Virus und dauert von drei Wochen bis zu fünf Monaten

- IMMUNITÄT (nach Erkrankung): die Infektion mit einem der drei Polio-Virus-Typen gibt keine Immunität gegen die beiden anderen; die Immunität gegen den einzelnen Virustyp hält aber vermutlich lebenslang.

* IMPFUNG: eine mit Schluckimpfstoff begonnene Grundimmunisierung kann mit dem Totimpfstoff fortgesetzt werden, ohne dass es zur Einbuße des Impfschutzes kommt.
* ab dem 3. Lebensmonat: 2 Impfungen im Abstand von 4 Wochen (bei Kombinationsimpfstoffen mit Keuchhustenanteil 3 Impfungen)
* ab dem 12. Lebensmonat: 3. bzw. 4. Impfung
* ab 11. bis 18. Lebensjahr: 1 Auffrischimpfung
* im Erwachsenenalter: Auffrischimpfungen alle 10 Jahre **nicht** mehr routinemäßig, sondern nur bei erhöhtem Ansteckungsrisiko, z. B. Reisen nach Asien oder Afrika

## HEPATITIS B

Die Ständige Impfkommission (STIKO) hat 1995 die Hepatitis-B-Impfung in den Impfkalender für Kinder und Jugendliche aufgenommen. Dies entspricht den Empfehlungen der WHO, die für alle Länder (unabhängig davon, wie häufig Hepatitis B vorkommt) die generelle Impfung der Kinder vorsieht. *Das Ziel der WHO und somit auch der STIKO ist die globale Unterbrechung neuer Hepatitis-B-Infektionen, an deren Krankheitsfolgen heute noch weltweit jährlich mehr als eine Million Menschen sterben.*

*Die Hepatitis B ist eine überaus ansteckende Infektionskrankheit.* Bereits ein Millionstel Milliliter infiziertes Blut reicht für eine Infektion aus. Darüber hinaus ist das Virus relativ widerstandsfähig und kann außerhalb des Körpers bis zu einer Woche infektiös bleiben. Die Übertragung erfolgt ausschließlich von Mensch zu Mensch, direkt oder indirekt, überwiegend durch Blut, aber auch durch Sperma, Vaginalsekret oder Speichel. Ab dem 15. Lebensjahr wird der Sexualverkehr zum häufigsten Übertragungsweg für Hepatitis B.

Nach Schätzungen infizieren sich in Deutschland fünf Prozent der Bevölkerung im Laufe ihres Lebens mit dem Hepatitis-B-Virus; das entspricht 50.000 Neuinfektionen pro Jahr. 60 bis 70 Prozent aller Hepatitis-B-Infektionen verlaufen ohne Krankheitszeichen, das heißt, sie bleiben zunächst unerkannt, und die Betroffenen wissen nicht, dass sie das Virus übertragen können.

Nach einer Inkubationszeit von sechs Wochen bis sechs Monaten sind verschiedene Krankheitsverläufe möglich: Eine akute Hepatitis (Leberentzündung) mit vollständiger Ausheilung; ein sehr schnell eintretendes Leberversagen; eine Hepatitis ohne sichtbare Krankheitszeichen; der Übergang in eine chronische Hepatitis mit der Gefahr einer später auftretenden Leberzirrhose oder eines Leberkarzinoms (Leberkrebs) oder die Entwicklung zum „gesunden" Hepatitis-B-Virus-Träger.

Wenn es zur Erkrankung kommt, beginnt das KRANKHEITSBILD in der Regel mit grippeähnlichen Beschwerden, Gelenkschmerzen, Abgeschlagenheit oder Fieber. Im weiteren Verlauf der Erkrankung verfärbt sich zunächst der Urin bierbraun, der Stuhl entfärbt sich, und es kommt zur typischen Gelbsucht. Die Gelbfärbung der Haut und der Augen kann von Unwohlsein, Abgeschlagenheit, Übelkeit, Leib-, Kopf- und Gliederschmerzen, Fieber und einer Leberschwellung begleitet sein. Alle diese Symptome sind Anzeichen einer gestörten Leberfunktion, der Leberentzündung. Die Blutuntersuchung zeigt deutliche Veränderungen: Die Leberwerte steigen an, und das HBsAg (ein Baustein der Virushülle) ist nachweisbar. *Eine akute Hepatitis B dauert nicht selten mehrere Monate.* Der Verlauf der Erkrankung bei den einzelnen Patienten hängt offenbar von den individuellen Abwehrkräften ab. Wenn das Immunsystem das Hepatitis-B-Virus aus eigener Kraft besiegen kann, dauert die Infektion, mit oder ohne Krankheitszeichen, vier bis sechs Wochen. Wird der Krankheitserreger aber von den Abwehrstoffen nicht vollständig abgetötet und bleibt im Körper zurück, kann er die Leber dauerhaft schädigen. Man spricht in diesem Fall von chronischen Virusträgern. Bei 20 bis 30 Prozent dieser chronischen Virusträger geht die Infektion nach Jahren oder auch Jahrzehnten in eine Leberzirrhose (Leberschrumpfung und Leberversagen) über. Die gefürchtetste Komplikation der Hepatitis B ist das Leberkarzinom, der Leberkrebs.

Ein besonders hohes Gesundheitsrisiko bedeutet die Hepatitis B für Säuglinge und Kleinkinder. Über 90 Prozent der Hepatitis-B-Infektionen bei Neugeborenen werden chronisch. Zum Vergleich: Bei Kleinkindern von vier bis sechs Jahren sind es 40 bis 50 Prozent und bei Erwachsenen etwa zehn Prozent. Etwa ein Viertel der als Neugeborenen und Säuglinge Infizierten stirbt infolge der Krankheit vor dem 50. Geburtstag. Die Säuglinge stecken sich während der Geburt bei ihrer infizierten Mutter an. Der Bundesausschuss der Ärzte und Krankenkassen hat deshalb 1994 eine generelle Untersuchung aller Schwangeren auf eine Hepatitis-B-Infektion in die Mutterschaftsrichtlinien aufgenommen. Denn wenn die Gefährdung des Kindes bekannt ist, kann dessen Erkrankung an Hepatitis B durch eine gleichzeitige aktive und passive Immunisierung innerhalb der ersten Stunden nach der Geburt verhindert werden. Vier Wochen nach der ersten Impfung wird die zweite, nach sechs Monaten die dritte Impfung durchgeführt.

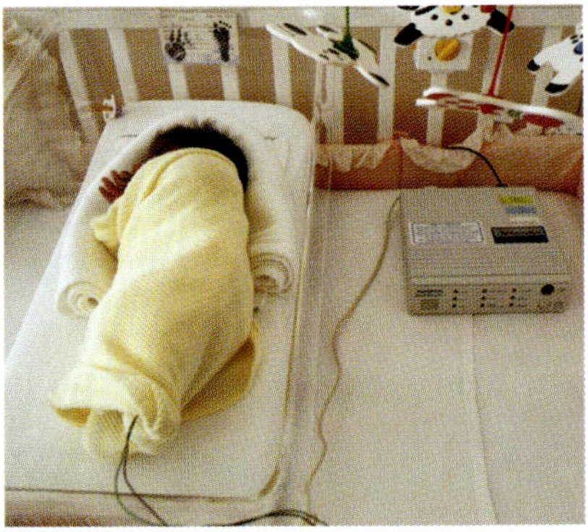

*Auch wegen der Gefahr chronischer Infektionen in diesem Alter empfiehlt die STIKO die IMPFUNG für alle Säuglinge.*

Jugendliche sind ebenfalls durch das Hepatitis-B-Virus gefährdet, wie der Anstieg der Erkrankungen ab dem 15. Lebensjahr in Deutschland belegt. Um mit der Schutzimpfung zu beginnen, bietet sich hier die Vorsorgeuntersuchung für Jugendliche (J1) im 13. Lebensjahr an. Eine Impfung ist aber selbstverständlich auch zu jedem anderen Zeitpunkt möglich.

Eine Blutuntersuchung vor den Impfungen, um abzuklären, ob der Säugling oder der Jugendliche eventuell durch eine Erkrankung bereits gegen Hepatitis B immun ist, erübrigt sich ebenso wie die Kontrolle des Impferfolges. Mehr als 95 Prozent der Geimpften entwickeln mit Gewissheit Antikörper, die einen sicheren Schutz vor der Erkrankung für mindestens zehn Jahre, evtl. sogar lebenslang bieten.

*Die in Deutschland zugelassenen Hepatitis-B-Impfstoffe – übrigens die gleichen, die in den meisten Ländern seit 1986 zum Einsatz kommen – sind auf gentechnologischer Basis mit Hilfe von Hefezellen hergestellt und frei von Blut oder Blutbestandteilen. Sie sind sicher und gut verträglich.*

Lokalreaktionen, wie Schmerzen, Schwellungen und Rötungen an der Impfstelle, können auch nach einer Hepatitis-B-Impfung auftreten.

## Information in Stichworten

ERREGER: Hepatitis-B-Virus

ÜBERTRAGUNGSWEGE: am häufigsten durch Blutkontakt oder durch Sexualverkehr

INKUBATIONSZEIT: sechs Wochen bis sechs Monate

KRANHEITSBILD: anfangs grippeähnliche Beschwerden, später bierbrauner Urin, entfärbter Stuhl, Gelbfärbung der Haut, begleitet von Unwohlsein, Kopf-, Leib- und Gliederschmerzen sowie Fieber, oftmals Widerwillen gegen Fett; evtl. schwerer oder tödlicher Verlauf bzw. Folgeschäden (chron. Hepatitis, Leberzirrhose, Leberkrebs). Bei 60 bis 70 Prozent der Erkrankten keine sichtbaren Symptome.

ANSTECKUNGSFÄHIGKEIT: in der akuten Krankheitsphase; bei chronischen Virusträgern ist die Ansteckungsfähigkeit unterschiedlich hoch und hält lebenslang an.

IMMUNITÄT (nach Erkrankung): lebenslang

IMPFUNG:
- ab Geburt, vorzugsweise ab dem 3. Lebensmonat: 2 Impfungen im Abstand von mindestens 4 Wochen
- ab dem 12. Lebensmonat: 3. Impfung

für alle nicht geimpften Jugendlichen (zweckmäßig in Verbindung mit der Jugend-Gesundheits-Untersuchung, J1):
- ab dem 11. bis 18. Lebensjahr: 2 Impfungen im Abstand von mindestens 4 Wochen
- nach 6 Monaten: 3. Impfung

## MASERN

Die Masern werden auch heute noch von vielen als harmlose Kinderkrankheit angesehen, obwohl sie von einer Reihe zum Teil schwerwiegender Komplikationen bis hin zum Tod begleitet werden. Der Erreger dieser Infektionskrankheit, das Masern-Virus, befällt vor allem die Schleimhäute des Atemtraktes und der Bindehaut. Die Ansteckung erfolgt über Tröpfcheninfektion, und auf die erstmalige Ansteckung folgt in jedem Fall die Erkrankung.

Für das KRANKHEITSBILD bezeichnend sind zunächst hohes Fieber verbunden mit Abgeschlagenheit, bellendem krampfhaften Husten, Schnupfen und einer Bindehautentzündung. In der Wangenschleimhaut sind oft die für Masern charakteristischen „Koplik'schen Flecken" (weiße Flecken) zu erkennen.

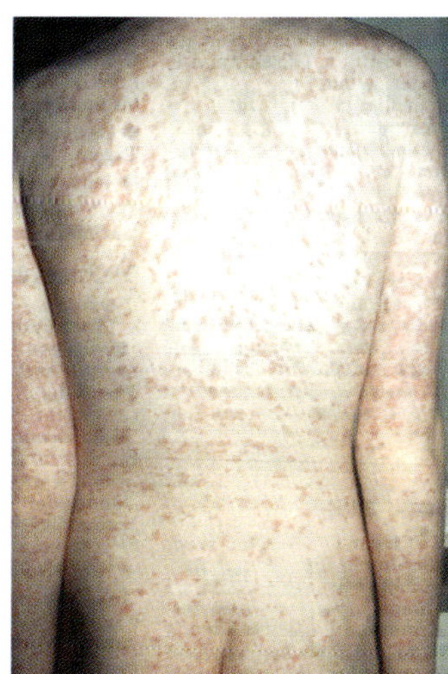

Nach ein bis zwei Tagen fällt das Fieber ab, um am nächsten Tag erneut anzusteigen. Innerhalb von drei Tagen bildet sich – unter Zunahme des Fiebers – anfangs im Gesicht, dann am Hals, an der Brust und schließlich am ganzen Körper ein roter, kleinfleckiger Hautausschlag, der an manchen Stellen ineinander fließt. Wenn der Ausschlag die Füße erreicht hat, beginnt die Temperatur abzufallen, und die Flecken blassen in der Reihenfolge, in der sie aufgetreten sind, wieder ab. In gutartigen Fällen ist der Ausschlag schon am achten Krankheitstag verschwunden. Tritt bis dahin aber noch keine eindeutige Linderung der Beschwerden auf, wächst die Gefahr, dass es im Krankheitsverlauf zu ernsten Komplikationen kommt. Als Komplikationen können Lungenentzündung, Mittelohrentzündung (Otitis media) sowie Infektionen des Kehlkopfes und der Luftröhre (Masern-Krupp) auftreten. Gefährlich ist vor allem die Gehirnentzündung (Masern-Enzephalitis), manchmal verbunden mit einer Hirnhautentzündung (Masern-Meningoenzephalitis). Mehr als 20 Prozent der Kinder, bei denen eine Gehirnentzündung auftritt, sterben daran; Überlebende tragen oftmals dauerhafte Schäden des Gehirns davon. Eine Schutzimpfung hätte sie davor bewahren können! Heute betreffen fast ein Drittel der in Deutschland auftretenden Masernfälle Jugendliche und Erwachsene, bei denen die Komplikationsrate wesentlich höher ist als bei Kleinkindern.

Die Eliminierung der Masern ist ein erklärtes Ziel der Weltgesundheitsorganisation (WHO). Um das zu erreichen, müssen allerdings überall Durchimpfungsraten von 95 Prozent erzielt werden. Denn nur dann sind auch Nichtgeimpfte vor der Erkrankung ausreichend geschützt.

*Sinnvoll ist es, gleichzeitig mit der IMPFUNG gegen Masern auch gegen Mumps und gegen Röteln zu impfen, und zwar Jungen und Mädchen. Nur mit einer zwei-*

*maligen Impfung gegen Masern, Mumps und Röteln kann es gelingen, sicher vor diesen Kinderkrankheiten zu schützen.*

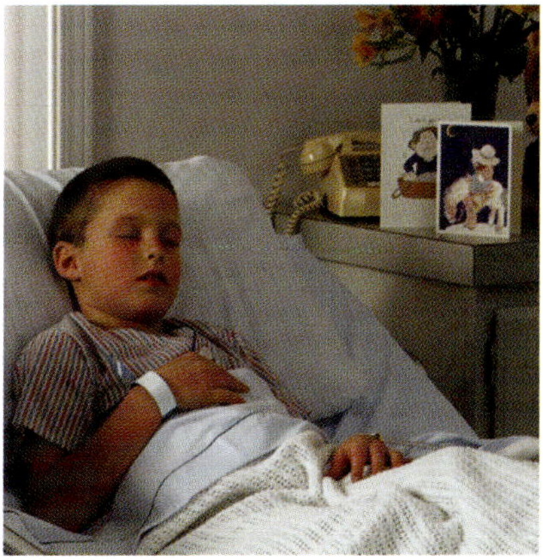

Während oder kurz nach der Impfung können an der Einstichstelle ein leichtes Brennen oder eine Rötung auftreten. Da die Impfung in abgeschwächter Form die Infektion nachahmt, ist leichtes Fieber für ein bis zwei Tage etwa acht bis zwölf Tage nach der Impfung möglich. Außerdem wird gelegentlich von einem leichten Hautausschlag, den sogenannten Impf-Masern, berichtet. Die Impf-Masern sind nicht ansteckend! Ebenso sind die dargestellten Impfreaktionen kein Grund zur Beunruhigung.

## Information in Stichworten

- ERREGER: Masern-Virus

- ÜBERTRAGUNGSWEGE: von Mensch zu Mensch durch Tröpfcheninfektion über die Schleimhäute des Atemtraktes und der Augen

- INKUBATIONSZEIT: neun bis zwölf Tage, bis zum Beginn des Hautausschlages 14 bis 15 Tage

KRANKHEITSBILD: hohes Fieber, Husten, Schnupfen, Bindehautentzündung, typischer Hautausschlag; unterdrückte Immunabwehr und in der Folge häufig Lungenentzündung und Mittelohrentzündung; eine Hirnentzündung ist die schwerste Komplikation, 20 Prozent sterben daran, die Überlebenden behalten Folgeschäden des Gehirns.

ANSTECKUNGSFÄHIGKEIT: vier bis fünf Tage vor Ausbruch des Hautausschlages bis etwa zwei Tage danach; Masern sind hoch ansteckend.

IMMUNITÄT (nach Erkrankung): lebenslang

IMPFUNG: (zweckmäßig mit Masern-Mumps-Röteln-Impfstoff)
ab dem 12. Lebensmonat: 1. Impfung
bis zum 6. Lebensjahr: Wiederimpfung
Die 2. Impfung kann bereits 4 Wochen nach der 1. Impfung erfolgen.)
Impfung aller Jungendlichen, die noch nicht 2-mal gegen Masern, Mumps und Röteln geimpft sind.

## MUMPS

Mumps, auch Ziegenpeter genannt, ist eine ansteckende Virusinfektion der Speicheldrüsen, vor allem der Ohrspeicheldrüse. Das Mumpsvirus wird durch Tröpfcheninfektion über den Speichel übertragen. Die Ansteckungsfähigkeit beginnt etwa sieben Tage vor Ausbruch und endet neun bis zehn Tage nach Beginn der Krankheit. Viele Menschen werden immun ohne zu erkranken, oder haben nur leichte Krankheitszeichen. Die Inkubationszeit beträgt im Durchschnitt 18 Tage.

Das typische KRANKHEITSBILD beginnt mit einer Schwellung der entzündeten Ohrspeicheldrüse, die dicht unterhalb des Ohrs im Kieferwinkel sitzt. Zunächst wird nur eine Seite befallen, nach drei bis vier Tagen meist auch die andere. Das Essen und das weite Öffnen des Mundes sind schmerzhaft. In etwa zehn Prozent der Fälle sind ausschließlich die Speicheldrüsen unter der Zunge befallen, was die Diagnose gelegentlich erschwert. In der Regel wird die Entzündung durch mäßiges Fieber, das bei erwachsenen Erkrankten deutlich höher sein kann, begleitet. Auch die Bauchspeicheldrüse oder die Geschlechtsdrüsen können vom Virus befallen sein. Bei etwa jedem zehnten an Mumps Erkrankten tritt zusätzlich eine Entzündung der Hirnhäute (Mumps-Meningitis) auf, die oftmals zu starken Kopfschmerzen und Erbrechen führt. Meist heilt diese jedoch folgenlos aus. Eine seltene, aber dennoch typische Komplikation von Mumps ist eine meist einseitige, aber mitunter auch beidseitige Hörstörung. Mumps ist die häufigste Ursache für bleibende Schwerhörigkeit bei Kindern. Darum sollte nach einer Erkrankung an Mumps immer ein Hörtest erfolgen. Bei jedem vierten jugendlichen oder erwachsenen Mann, der an Mumps erkrankt, kommt es zu einer Schwellung und Entzündung der Hoden. Bei jungen Mädchen und Frauen können die Eierstöcke betroffen sein.

Eine IMPFUNG gegen Mumps ist wegen der möglichen Komplikationen dieser Erkrankung also unbedingt angeraten. Die Impfung wird gemeinsam mit der Impfung gegen Masern und Röteln in Form eines Kombinationsimpfstoffs gegeben.

## Information in Stichworten

ERREGER: Mumps-Virus

ÜBERTRAGUNGSWEGE: von Mensch zu Mensch, direkt durch Tröpfcheninfektion, selten indirekt über infizierte Gegenstände

INKUBATIONSZEIT: schwankend; elf bis 35 Tage, meist 17 bis 21 Tage

KRANKHEITSBILD: Fieber, Schwellung der Speicheldrüsen; bei über zehn Prozent der Erkrankten tritt eine entzündliche Reizung der Hirnhäute und gelegentlich eine Entzündung des Gehirns auf; bleibende Schäden (z. B. Schwerhörigkeit) sind möglich.

ANSTECKUNGSFÄHIGKEIT: etwa sieben Tage vor bis neun Tage nach Beginn der Drüsenschwellung; auch bei fehlenden Drüsenschwellungen und nur mäßiger Erkrankung ist eine Übertragung möglich.

IMMUNITÄT (nach Erkrankung): vermutlich lebenslang

- IMPFUNG: (zweckmäßig mit Masern-Mumps-Röteln-Impfstoff)
- ab dem 12. Lebensmonat: 1. Impfung
- bis zum 6. Lebensjahr: Wiederimpfung
(wenn nötig kann die 2. Impfung bereits 4 Wochen nach der 1. Impfung erfolgen)
- Impfung aller Jugendlichen, die noch nicht 2-mal gegen Masern, Mumps und Röteln geimpft sind.

## RÖTELN

Die Röteln, eine vor allem bei Kindern meist leicht verlaufende Virusinfektion, gehören zu den klassischen Kinderkrankheiten. Sie werden direkt von Mensch zu Mensch übertragen. Das KRANKHEITSBILD zeigt sich nach einer Inkubationszeit von zwei bis drei Wochen ähnlich einer harmlosen Erkältung mit leichtem Fieber, Schnupfen, Kopfschmerzen, in manchen Fällen Gelenkschmerzen mit Gelenkentzündungen, einem typischen Anschwellen der Lymphknoten an Hals und Nacken sowie einem Hautausschlag mit blassen rosaroten Flecken. Meist beginnt der Ausschlag im Gesicht und am Hals, breitet sich innerhalb von 24 Stunden über den gesamten Körper aus und verschwindet mit den übrigen Symptomen nach ungefähr drei Tagen. Nicht zu verwechseln sind Röteln mit den sogenannten Ringelröteln, die meistens erst im Schulalter auftreten. Ringelröteln erkennt man am juckenden Ausschlag, der auf Nase und Wange beginnt und sich über Arme und Beine ausbreitet und vor allem bei Wärme deutlich wird.

Gefürchtet sind die Röteln besonders während der Schwangerschaft, da die Gefahr besteht, dass die Infektion auf das Kind im Mutterleib übergeht. Geschieht dies in den ersten drei Monaten der Schwangerschaft, ist das Risiko einer schweren Schädigung für das Ungeborene (Röteln-Embryopathie) besonders groß. Die Folgen reichen von Fehlbildungen der Augen und Ohren (mit Gefahr von Blindheit und Taubheit), des Herzens bis zu Fehlbildungen des Gehirns. Über die Hälfte aller Röteln-Infektionen verläuft ohne Ausschlag oder gänzlich ohne Symptome, so dass Schwangere oft nicht wissen, wenn sie mit dem Rötelnvirus infiziert sind. Viele Frauen meinen auch, als Kind an den Röteln erkrankt gewesen und somit immun zu sein. Leider ist das oft ein Irrtum. Der Ausschlag infolge einer anderen Infektionskrankheit wird nicht selten für den Rötelnausschlag gehalten. So haben in Deutschland sechs Prozent der Frauen im gebärfähigen Alter keinen Rötelnschutz. Gewissheit kann hier nur der Bluttest auf Antikörper gegen Rötelnviren bringen.

Mit der generellen IMPFUNG für Jungen und Mädchen soll verhindert werden, dass sich Schwangere überhaupt infizieren können.

*Der beste Schutz vor einer Röteln-Embryopathie ist eine möglichst umfassende Durchimpfung.*

Die Impfung im Kindesalter wird zusammen mit der Masern- und Mumps-Impfung verabreicht. Darüber hinaus sollten Jungen und Mädchen zwischen dem elften und 18. Lebensjahr gegen Masern-Mumps-Röteln geimpft werden, wenn sie bis dahin die zweite Masern-Mumps-Röteln-Impfung nicht erhalten haben. Auf die alleinige Röteln-Impfung der Mädchen in der Pubertät kann daher verzichtet werden. Wenn bei einem jungen Mädchen oder einer jungen Frau beim Gynäkologen festgestellt wird, dass sie noch keinen Rötelnschutz hat, sollte sie unbedingt geimpft werden.

Die Ausbreitung von Masern, Mumps und Röteln wird verhindert, wenn mehr als 95 Prozent aller Kinder erfolgreich geimpft werden, und zwar zweimal. Erfahrungen aus den europäischen Nachbarländern zeigen, dass dies nur durch eine konsequente zweimalige Impfung aller Jungen und Mädchen erreicht werden kann.

## Information in Stichworten

ERREGER: Röteln-Virus

ÜBERTRAGUNGSWEGE: von Mensch zu Mensch, direkt durch Tröpfcheninfektion, indirekt über frisch infizierte Gegenstände

INKUBATIONSZEIT: zwei bis drei Wochen, meist 16 bis 18 Tage

KRANKHEITSBILD: Fieber, Hautausschlag, im Kindesalter meist leicht; über die Hälfte der Erkrankungen verläuft ohne sichtbare Krankheitszeichen; bei Infektion von Schwangeren drohen Fehlgeburten und Missbildungen des Kindes (Röteln-Embryopathie).

ANSTECKUNGSFÄHIGKEIT: von sieben Tagen vor bis etwa acht Tage nach Auftreten des Hautausschlages

IMMUNITÄT (nach Erkrankung): vermutlich lebenslang

IMPFUNG: (zweckmäßig mit Masern-Mumps-Röteln-Impfstoff)
- ab dem 12. Lebensmonat: 1. Impfung
- bis zum 6. Lebensjahr: Wiederimpfung
(wenn nötig kann die 2. Impfung bereits 4 Wochen nach der 1. Impfung erfolgen)
- Impfung aller Jugendlichen, die noch nicht 2-mal gegen Masern, Mumps und Röteln geimpft sind;
- Impfung der Frauen mit Kinderwunsch, die nicht mit Sicherheit bereits vor Röteln geschützt sind (Blutuntersuchung vor der Schwangerschaft)

## 4. Kombinationsimpfstoffe

Um in kürzester Zeit und zum frühestmöglichen Zeitpunkt vor so vielen Infektionskrankheiten wie möglich zu schützen, werden verschiedene Impfstoffe zu jeweils einem Impfstoff kombiniert. Wissenschaftliche Studien haben gezeigt, dass diese Kombinationsimpfstoffe eine ebenso gute Wirksamkeit und gleich gute Verträglichkeit wie die Impfstoffe zeigen, die nur gegen eine Krankheit gerichtet sind. Diese Kombinationsimpfstoffe verringern die Unannehmlichkeiten von Mehrfachinjektionen, vereinfachen den Impfkalender und die Durchführung von Impfprogrammen und helfen dabei, schwer erreichbare oder nicht regelmäßig kommende Patienten besser vor Infektionen zu schützen. Letztendlich wird also der Einsatz von Kombinationsimpfstoffen zu einer höheren Durchimpfungsrate in der Bevölkerung führen und dadurch helfen, die Übertragung von Infektionskrankheiten zu reduzieren.

Die STIKO empfiehlt, im Kindesalter vorzugsweise Kombinationsimpfstoffe zu verwenden. Damit kann bereits zum frühestmöglichen Zeitpunkt, d. h. ab Beginn der neunten Lebenswoche, ein optimaler Impfschutz ohne unnötige Verzögerungen gewährt werden. Für die Impfungen im ersten Lebensjahr empfiehlt sich die An-

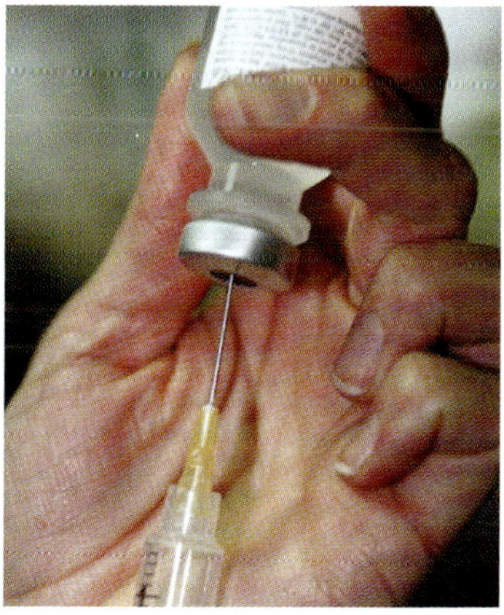

wendung von Kombinationsimpfstoffen, die gegen Diphtherie (D), Wundstarrkrampf (Tetanus, T), Keuchhusten (Pertussis, P), Haemophilus influenzae b (Hib), Kinderlähmung (Polio) und Hepatitis B schützen. Es gibt verschiedene Kombinationsimpfstoffe (Sechsfach-, Fünffach-, Vierfachimpfstoffe), welche Kombination gewählt wird, entscheidet Ihr Arzt. Mit den Kombinationsimpfstoffen kann man also Injektionen und eventuelle Schmerzen für das Kind sparen. Damit brauchen pro Impftermin nicht mehr als eine oder zwei Spritzen gegeben zu werden, und dennoch sind die Kinder damit gleichzeitig gegen sechs verschiedene Krankheiten geschützt.

Eine Auffrischimpfung mit dem Kombinationsimpfstoff Td, einem Impfstoff gegen Tetanus und Diphtherie, der einen geringeren Anteil an Diphtherie-Toxoid (d) enthält, wird im sechsten Lebensjahr notwendig; zwischen dem elften und 18. Lebensjahr sollte der Impfschutz gegen Tetanus, Diphtherie, Keuchhusten und Kinderlähmung aufgefrischt werden.

Auch gegen Masern, Mumps und Röteln ist der Kombinationsimpfstoff (MMR), der gegen alle drei Infektionskrankheiten immunisiert, empfehlenswert. Diesen erhalten die Kinder ab Beginn des zwölften Lebensmonats. Spätestens im sechsten Lebensjahr sollte die Impfung gegen Masern, Mumps und Röteln wiederholt werden.

# 5. Impfkalender

In der folgenden Tabelle ist der Impfkalender für Säuglinge, Kinder und Jugendliche dargestellt. Zur Vermeidung unnötiger Spritzen ist die Verwendung von Kombinationsimpfstoffen sinnvoll.

## IMPFKALENDER

**für Säuglinge, Kinder und Jugendliche**
(Nach den Empfehlungen der Ständigen Impfkommission, Stand Januar 2000)

| Empfohlenes Impfalter / Impfung gegen | Geburt | Beginn des 3. Lebensmonats | Beginn des 4. Lebensmonats | Beginn des 5. Lebensmonats | Beginn des 12. bis Ende des 15. Lebensmonats | Beginn des 5. bis Ende des 6. Lebensjahres | Beginn des 11. bis Ende des 18. Lebensjahres |
|---|---|---|---|---|---|---|---|
| Diphtherie | | 1. | 2. | 3. | 4. | A | A |
| Wundstarrkrampf (Tetanus) | | 1. | 2. | 3. | 4. | A | A |
| Keuchhusten (Pertussis) | | 1. | 2. | 3. | 4. | | A/K* |
| Haemophilus influenzae Typ b (Hib) | | 1. | 2.** | 3. | 4. | | |
| Kinderlähmung (Poliomyelitis) | | 1. | 2.** | 3. | 4.** | | A |
| Hepatitis B | | 1.*** | | 2. | 3. | | G/K |
| Masern, Mumps, Röteln | | | | | 1. | 2.**** | G/K |

A Auffrischimpfung; kann entfallen, wenn die letzte Impfung vor weniger als 1 Jahr stattfand. Ab Beginn des 6. bzw. 7. Lebensjahres wird zur Auffrischimpfung ein Impfstoff mit geringerer Diphtherie-Dosis verwendet.
G Grundimmunisierung für alle Kinder und Jugendlichen, die bisher nicht geimpft wurden.
K Überprüfung und Komplettierung eines noch unvollständigen Impfschutzes.
* Bei vollständig Ungeimpften wird die Grundimmunisierung nachgeholt.
** Bei bestimmten Impfstoffen kann dieser Impftermin entfallen.
*** Wurde die 1. Impfung bereits kurz nach der Geburt gegeben, dann wird die 2. Impfung ca. 1 Monat nach der 1. Impfung und die 3. Impfung ca. 6 Monate nach der 1. Impfung empfohlen.
**** Die 2. MMR-Impfung kann bereits 4 Wochen nach der ersten MMR Impfung verabreicht werden.

**Abweichungen von den angegebenen Terminen sind möglich und unter Umständen notwendig. Ziel muss es sein, möglichst frühzeitig einen vollständigen Impfschutz zu erreichen. Sofern vorhanden und sinnvoll, sollen zur Vermeidung unnötiger Injektionen Kombinationsimpfstoffe eingesetzt werden.**

DEUTSCHES GRÜNES KREUZ im Kilian • Schuhmarkt 4 • 35037 Marburg • Telefon 0 64 21/2 93-0

Wird zur Grundimmunisierung ein Kombinationsimpfstoff mit einem Keuchhustenanteil verwendet, so wird insgesamt vier Mal (drei Mal im Abstand von je vier Wochen, das vierte Mal ab Beginn des zwölften Lebensmonats) geimpft. Werden Einzelimpfstoffe benutzt, dann müsste beim ersten Impftermin sechs Mal gespritzt werden! Allerdings reichen für alle Impfschemata mit Ausnahme von Keuchhusten drei Impfungen aus. Wenn das Kind die Hepatitis-B-Impfung bereits vor dem dritten Lebensmonat erhalten hat (die Impfung kann direkt ab der Geburt gegeben werden), wird die zweite Impfung vier Wochen nach der ersten und die dritte sechs Monate nach der ersten verabreicht, also fünf Monate nach der zweiten.

# 6. Indikationsimpfungen

Manche Impfungen werden nur für besonders gefährdete Personen von der STIKO empfohlen. Diese Impfungen werden als Indikationsimpfungen bezeichnet.

## WINDPOCKEN (VARIZELLEN)

Da die Windpocken auch zu den klassischen „Kinderkrankheiten" gezählt werden, wird auf diese Krankheit etwas ausführlicher eingegangen, auch wenn die Impfung nicht generell für alle Kinder empfohlen ist.

Windpocken (Varizellen) sind eine weltweit verbreitete, sehr ansteckende, im Kindesalter jedoch in der Regel harmlos verlaufende Kinderkrankheit. Verursacht wird diese Erkrankung, die im Volksmund auch als Schafblattern oder Wasserpocken bezeichnet wird, durch Varizella-Zoster-Viren, die neben den Windpocken bei älteren Kindern oder Erwachsenen auch die Gürtelrose hervorrufen können. Die Ansteckung mit den Windpocken erfolgt über Tröpfcheninfektion oder auch durch den Luftstrom (z. B. Klimaanlagen). Kinder erkranken meist zwischen dem dritten und sechsten Lebensjahr an Windpocken; man beobachtet aber auch hier eine Verschiebung der Erkrankung ins höhere Lebensalter.

Das KRANKHEITSBILD beginnt mit einem typischen Hautausschlag. Zunächst bilden sich rote Flecken, die sich sehr schnell zu linsengroßen Pusteln entwickeln.

Während dieser Zeit kann es manchmal auch zu einem deutlichen Anstieg der Körpertemperatur bis auf 39 °C kommen und damit zu einem allgemeinen Krankheitsgefühl. Die Pusteln verwandeln sich in wasserhelle Bläschen und trocknen mit der Zeit unter Krustenbildung ein. Charakteristisch für die Windpocken ist das schubweise Auftreten des Ausschlags, was dazu führt, dass sich auf der Haut häufig Pocken aller Krankheitsstadien finden, also Flecken, Pusteln, Bläschen und Krusten. Der Hautausschlag verursacht einen sehr starken Juckreiz, der mit Lotionen und Einreibungen behandelt werden muss. Werden die Pusteln aufgekratzt, bleiben manchmal Narben zurück. Der Ausschlag breitet sich normalerweise ausgehend vom Rumpf über Arme und Beine sowie den behaarten Kopf aus. In manchen Fällen ist auch die Mundschleimhaut und bei Mädchen sogar die Scheide vom juckenden Ausschlag betroffen. Normalerweise ist die Ausweitung des Ausschlags am fünften Krankheitstag abgeschlossen. Dann dauert es noch ein bis zwei Wochen, bis die Krusten, zum Glück meistens ohne Narbenbildung, abfallen.

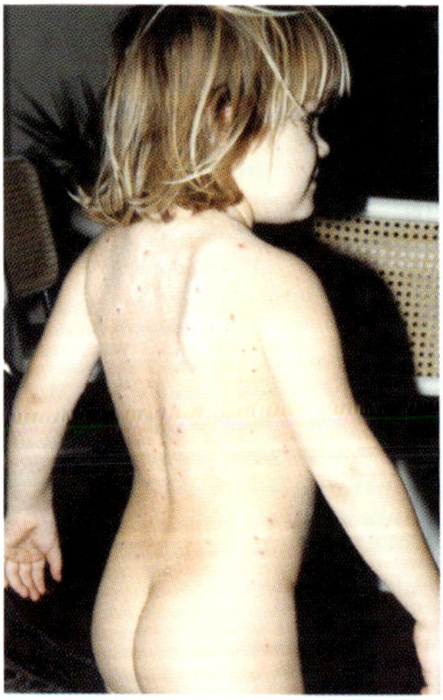

Erkrankt eine Frau während der Schwangerschaft, so wird die Erkrankung häufig durch eine Lungenentzündung kompliziert. Je nachdem, zu welchem Zeitpunkt eine Schwangere erkrankt, besteht auch für das ungeborene Kind ein Risiko: Zwischen der achten und 21. Schwangerschaftswoche kann eine Infektion zum „angeborenen Varizellen-Syndrom" führen, das sich in Hautnarben, Augenmissbildungen und krankhaften Veränderungen des Gehirns äußert. Wenn eine Mutter vier Tage vor bis zwei Tage nach der Geburt an Windpocken erkrankt, kann es beim Neugeborenen zu schwerst verlaufenden Windpocken kommen; 35 Prozent der Kinder sterben daran.

Viele Jahre nach einer Windpocken-Infektion können ältere Kinder und Erwachsene an einer Gürtelrose erkranken, vor allem wenn das Immunsystem im Alter oder infolge von Operationen oder anderen Infektionen geschwächt ist. Diese Erkrankung zeigt sich in bandartig gruppierten Bläschen ähnlich den Herpes-Bläschen, die auf einzelne Körperregionen begrenzt sind, oft am Rumpf („Gürtelrose"). In der akuten Krankheitsphase ist die Krankheit von starken Nervenschmerzen in der betroffenen Körperregion begleitet, die zum Teil noch Monate nach Verschwinden der Hauterscheinungen bestehen bleiben. Erwachsene mit Gürtelrose können Windpocken auf Kinder übertragen, während umgekehrt ein an Windpocken erkranktes Kind keine Infektionsquelle für die Gürtelrose darstellt.

Gegen Windpocken gibt es eine IMPFUNG, die jedoch – wegen des meist gutartigen Verlaufs der Erkrankung bei Kindern und der (noch) recht hohen Kosten – nicht für alle Kinder empfohlen wird, sondern besonders gefährdeten Menschen vorbehalten ist. Dazu gehören Kinder mit schwerer Neurodermitis, weil durch die Windpocken die Grunderkrankung deutlich verschlimmert werden kann. Außerdem sollten Kinder, die an Leukämie oder einer anderen Krebserkrankung leiden, geimpft werden sowie deren Angehörige. Auch Patienten vor einer Organtransplantation oder einer Behandlung, die das Immunsystem schwächt, sollten die Impfung erhalten. Selbstverständlich muss auch das medizinische Personal einen Schutz vor Windpocken haben ebenso wie Frauen, die sich ein Kind wünschen, und die noch keine Windpocken hatten.

## Information in Stichworten

- ERREGER: Varizella-Zoster-Virus (dasselbe Virus verursacht Windpocken und Herpes Zoster, die Gürtelrose)

- ÜBERTRAGUNGSWEGE: von Mensch zu Mensch durch Tröpfcheninfektion bei direktem Kontakt mit Kranken; es wurden auch Übertragungen des Virus durch den Luftstrom bis zu zehn Meter Entfernung beobachtet. Bläscheninhalt und Krusten sind ebenfalls infektiös.

* INKUBATIONSZEIT: elf bis 15 Tage, manchmal bis zu vier Wochen

* KRANKHEITSBILD: typischer Hautausschlag mit Bläschen, die später eintrocknen und verschorfen, Abfall der Krusten nach ein bis zwei Wochen; bei Immungeschwächten Ausbreitung des Virus auf innere Organe und Gehirn möglich, dadurch bedingt: bleibende Schäden und Todesfälle

* ANSTECKUNGSFÄHIGKEIT: von einem Tag vor Ausbruch des Ausschlags bis zum fünften Tag nach Auftreten der letzten Bläschen; Patienten mit Gürtelrose können andere mit Windpocken anstecken (die Ansteckungsfähigkeit ist aber längst nicht so hoch wie bei einer Windpockenerkrankung).

* IMMUNITÄT (nach Erkrankung): sehr lang anhaltende Immunität; bei nachlassender Immunität kommt es am ehesten zur Gürtelrose.

* IMPFUNG: in Deutschland nur für bestimmte Risikogruppen empfohlen

* für Kinder ab 12. Lebensmonat bis 12 Jahre: eine einmalige Impfung
* für Jugendliche ab 13 Jahre und Erwachsene: 2 Impfungen im Abstand von mindestens 6 Wochen

- bei akuter Ansteckungsgefahr: prophylaktisch Varizella-Zoster-Immunglobulin
- wenn Impfling nach 3 Monaten seronegativ: Wiederholung der Impfung

## HEPATITIS A

Die Häufigkeit der Hepatitis-A-Infektionen hat in unseren Breiten in den letzten Jahren wegen des hohen Hygienestandards deutlich abgenommen. Aber schon im Mittelmeerraum und in Südosteuropa und vor allem in Afrika, Mittel- und Südamerika sowie Asien ist das Infektionsrisiko hoch.

70 bis 80 Prozent der infizierten Erwachsenen erkranken an dieser Infektion. Zum Teil verläuft die ERKRANKUNG sogar schwer, und zwei Prozent sterben daran. Dagegen verläuft eine Hepatitis-A-Infektion bei Säuglingen und Kindern in den meisten Fällen ohne Symptome und ohne die typischen Zeichen einer Gelbsucht. Eine Hepatitis-A-Infektion wird nie chronisch.

Die Hepatitis-A-IMPFUNG wird für Kinder, die in Heimen leben, die an chronischer Leberentzündung leiden oder z. B. mit ihren Eltern ins gefährdete Ausland reisen, empfohlen. Erwachsene, die Kontakt zu Erkrankten haben, in Einrichtungen für Behinderte, Kindertagesstätten und Heimen arbeiten oder in Länder mit höherem Hepatitis-A-Vorkommen reisen wollen, sollten sich ebenfalls impfen lassen.

Für Kinder stehen zwei Impfstoffe zur Verfügung: der eine ist ab dem vollendeten ersten Lebensjahr, der andere ab dem vollendeten zweiten Lebensjahr zugelassen.

### Information in Stichworten

- ERREGER: Hepatitis-A-Virus

- ÜBERTRAGUNGSWEGE: Schmierinfektion; durch kontaminierte Lebensmittel, Gegenstände und Wasser

- INKUBATIONSZEIT: zehn bis 40 Tage

- KRANKHEITSBILD: anfangs Übelkeit, Appetitlosigkeit, Bauchschmerzen, Erbrechen und Verstopfung oder

Durchfall; danach Ausbildung einer Gelbsucht mit Fieber, dunklem Urin, hellen Stühlen sowie Gelbverfärbung der Augen und der Haut; Hepatitis A verläuft sehr häufig ohne Beschwerden; bei Kindern in 70 bis 80 Prozent der Fälle ohne eine Gelbsucht, bei Erwachsenen oft sehr schweres Krankheitsbild

ANSTECKUNGSFÄHIGKEIT: solange Hepatitis-A-Viren im Stuhl ausgeschieden werden (ca. zwei Wochen vor bis zwei bis drei Wochen nach Krankheitsbeginn)

IMMUNITÄT (nach Erkrankung): lebenslange Immunität gegen das Hepatitis-A-Virus

IMPFUNG: Es gibt einen Impfstoff für Kinder ab dem vollendeten ersten Lebensjahr.

- Kinder ab dem 13. Lebensmonat und Jugendliche bis zum 15. Lebensjahr: 2 Impfungen im Abstand von 6 Monaten

Ein anderer Impfstoff wird Kindern ab dem vollendeten zweiten Lebensjahr verabreicht.

- Kinder ab dem 25. Lebensmonat und Jugendliche bis zum 17. Lebensjahr: 2 Impfungen im Abstand von 6 bis 18 Monaten
- Erwachsene: 2 Impfungen im Abstand von 6 bis 12 Monaten

Wird ein Kombinationsimpfstoff gegen Hepatitis A und Hepatitis B verwendet, entspricht das Schema dem des Hepatitis-B-Impfstoffes (3 Impfungen, zwischen der 1.

und 2. Impfung liegen 4 Wochen, die 3. Impfung wird 6 Monate nach der 1. Impfung gegeben.)

## FRÜHSOMMER-MENINGO-ENZEPHALITIS (FSME)

Dabei handelt es sich um eine von Frühjahr bis Herbst auftretende durch das FSME-Virus verursachte Infektion des Zentralnervensystems. Die Infektion wird durch den Stich der blutsaugenden Zecke mit virushaltigem Speichel übertragen. In Mitteleuropa ist dies hauptsächlich der „gemeine Holzbock". In den Risikogebieten Deutschlands ist jede 100. bis 1.000. Zecke Virusträger.

Nur bei 30 bis 40 Prozent der Infizierten kommt es zu Krankheitszeichen. Der typische KRANKHEITSVERLAUF ist zweigipflig: Nach einem Beginn mit grippeähnlichen Symptomen, Fieber, Kopfschmerzen, Kreuz- und Gliederschmerzen, folgt bei bis zu zehn Prozent der Erkrankten erneut plötzlich auftretendes hohes Fieber mit heftigen Kopfschmerzen, Schwindel und Nackensteifigkeit, Übelkeit und Erbrechen. In einigen Fällen kommt eine Hirnhaut- und

Gehirnentzündung hinzu, die in ein bis zwei Prozent tödlich endet und in sieben Prozent bleibende Hirnschäden nach sich zieht.

Die IMPFUNG gegen diese Virusinfektion ist in Regionen mit infizierten Zecken angeraten, wie Gebieten in Bayern und Baden-Württemberg, Österreich, der Schweiz, Südschweden, Polen und dem Baltikum sowie einigen anderen osteuropäischen Ländern.

## Information in Stichworten

- ERREGER: FSME-Virus

- ÜBERTRAGUNGSWEGE: Stich von infizierten Zecken

- INKUBATIONSZEIT: drei bis 14 Tage; durchschnittlich eine Woche

- KRANKHEITSBILD: Nur bei 30 bis 40 Prozent der Infizierten kommt es zu Krankheitszeichen: grippeähnlicher Verlauf mit Fieber, Kopfschmerzen, Kreuz- und Gliederschmerzen, bei bis zu zehn Prozent folgt erneut plötzlich auftretendes hohes Fieber mit heftigen Kopfschmerzen, Schwindel und Nackensteifigkeit, Fieber über 40 °C, Übelkeit und Erbrechen, in einigen Fällen Hirnhaut- und Gehirnentzündung, ein bis zwei Prozent davon enden tödlich, sieben Prozent mit bleibenden Hirnschäden.

ANSTECKUNGFÄHIGKEIT: Eine Übertragung von Mensch zu Mensch ist nicht möglich.

IMMUNITÄT (nach Erkrankung): wahrscheinlich lebenslang

IMPFUNG: für Kinder unter einem Jahr nur, wenn sie einer starken Infektionsgefahr ausgesetzt sind. Zurzeit sind nur Impfstoffe zugelassen, die bei Kindern ab 3 Jahren angewendet werden können
Kinder und Erwachsene: 2 Impfungen im Abstand von 2 (4) bis 12 Wochen
3. Impfung: 9 bis 12 Monate nach der 2. Impfung
Auffrischimpfung bei weiterbestehendem Risiko alle 3 bis 5 Jahre

## INFLUENZA (VIRUSGRIPPE)

Die Influenza, verursacht durch die Influenza-Viren A und B, hat unter den Atemwegserkrankungen (weltweit häufigste Infektionskrankheit) die größte Bedeutung und verursacht nahezu jedes Jahr irgendwo in der Welt große Epidemien.

Das KRANKHEITSBILD zeigt sich typischerweise mit plötzlich auftretendem hohen Fieber, Abgeschlagenheit, Kopf- und Gliederschmerzen, Entzündungen der Atemwege und einem schweren Krankheitsgefühl. Als Komplikationen sind vor allem Lungenentzündung, Mittelohrentzündung, Hirnhaut- oder Gehirnentzündung und bei Kindern Pseudokrupp-Anfälle gefürchtet.

Die Influenza-Schutz-IMPFUNG sollte allen Kindern mit chronischer Lungen-, Herz- und Stoffwechselkrankheit sowie einer Abwehrschwäche verabreicht werden; darüber hinaus auch bei drohenden Epidemien. Weil Frühgeborene ein erhöhtes Risiko für schwere Infektionserkrankungen haben, sollten sie zu einem möglichst frühen Zeitpunkt (wenn sie sechs Monate alt sind) gegen Influenza geimpft werden, besonders wenn sie beatmet wurden. Vorher sollten sich die Familienmitglieder gegen Grippe impfen lassen, um den Säugling zu schützen. Unbedingt sollten sich Personen über 60 Jahre und Erwachsene mit chronischen Grunderkrankungen impfen lassen.

Säuglinge nach dem sechsten Lebensmonat und Kleinkinder bis zum Alter von drei Jahren erhalten zur Erstimmunisierung zwei Mal die halbe Erwachsenendosis. Die Impfung muss jedes Jahr wiederholt werden, da sich die Influenza-Viren von Jahr zu Jahr ändern. Diese Änderungen werden rechtzeitig vor Beginn der neuen Influenza-Saison von Experten der Weltgesundheitsorganisation (WHO) bekanntgegeben, so dass der passende Impfstoff produziert werden kann.

## Information in Stichworten

ERREGER: Influenza-Virus A und B, nur ganz selten C

ÜBERTRAGUNGSWEGE: von Mensch zu Mensch durch Tröpcheninfektion

INKUBATIONSZEIT: ein bis drei Tage

KRANKHEITSBILD: plötzlich auftretendes schweres Krankheitsgefühl mit hohem Fieber, meist trockener Husten sowie Kopf-, Muskel- und Gliederschmerzen; Säuglinge und Kleinkinder sind gefährdet durch bakterielle Zweitinfektionen wie Lungenentzündung, Nasennebenhöhlenentzündung und Mittelohrentzündung

ANSTECKUNGSFÄHIGKEIT: beginnt kurz vor Ausbruch der Krankheit und hält bis zu einer Woche an

IMMUNITÄT (nach Erkrankung): zeitlich sehr begrenzt, weil sich die Struktur der Influenza-Viren verändert

IMPFUNG:
ab 6. Lebensmonat bis 3 Jahre: bei Erstimpfung 2-mal eine halbe Erwachsenendosis im Abstand von mindestens 4 Wochen, sonst 1-mal eine halbe Dosis,
Kinder ab 3 Jahre und Erwachsene: eine Impfung
jährliche Wiederimpfungen sind notwendig.

## TOLLWUT

Die Tollwut ist eine durch Hundebiss, seltener durch Biss von Wildtieren (Fuchs, Wolf, Katze oder Reh usw.) übertragene Infektionskrankheit, die das Zentralnervensystem befällt, dort zu einer Hirnentzündung führt und immer tödlich endet. Der Erreger, das Tollwut-Virus, gelangt nach Kontakt mit dem Speichel eines infizierten Tieres, vor allem bei einem Biss, in den menschlichen Körper. Eine Ansteckung kann auch durch Einreiben des Speichels in die Augen mit ungewaschenen Händen erfolgen. Eine Behandlung der Tollwut mit Medikamenten ist nicht möglich.

Den einzig sicheren Schutz bietet die aktive IMPFUNG. Nach einer Bissverletzung kann der Schutz vor einer Erkrankung nur durch die schnellstmögliche kombinierte Gabe von Impfstoff und Tollwut-Immunglobulin sichergestellt werden. Alle Personen, die unbemerkt Kontakt mit tollwütigen Tieren haben können, wie z. B. Tierärzte, Jäger, Waldarbeiter und Landwirte, sollten einen prophylaktischen Tollwutschutz bekommen, ebenso wie Trekkingreisende, die in Länder mit großer Tollwutverbreitung, z. B. Indien, reisen. In vielen Ländern ist im Notfall kein moderner Impfstoff verfügbar, sondern nur veralteter, der in der Regel starke Nebenwirkungen hervorruft und dessen Wirksamkeit zweifelhaft ist. Es empfiehlt sich daher, gerade bei Trekkingreisen oder Langzeitaufenthalten schon zu Hause eine vorbeugende Tollwutimpfung durchzuführen.

Die vorbeugende Impfung besteht aus insgesamt drei Impfungen. Nach der ersten Impfung folgen nach einer Woche, nach drei bis vier Wochen und nach einem Jahr jeweils eine weitere Injektion. Auffrischimpfungen werden alle zwei bis fünf Jahre notwendig.

Nach Kontakt mit einem tollwütigen oder tollwutverdächtigen Tier muss sofort eine Simultan-Prophylaxe mit inaktiviertem Tollwutimpfstoff und Tollwut-Hyperimmunglobulin erfolgen. Am dritten, siebten, 14., 30. und evtl. auch am 90. Tag nach Kontakt müssen die Impfungen wiederholt werden.

## Information in Stichworten

* ERREGER: Tollwut-Virus

* ÜBERTRAGUNGSWEGE: Kontakt mit Speichel infizierter Tiere durch Biss- oder Kratzwunden, seltener durch Belecken von Hautverletzungen

* INKUBATIONSZEIT: je nach Virustyp, Virusmenge

und Infektionsweg zwischen sechs und 180 Tagen, in seltenen Fällen bis zu einem Jahr

KRANKHEITSBILD: erst ein bis zu zehn Tagen anhaltendes Vorläuferstadium mit unspezifischen Symptomen, danach Erregungsphase mit Atemkrämpfen und großer Unruhe

ANSTECKUNGSFÄHIGKEIT: bei Hund und Katze ab drei Tage vor Ausbruch und während der Erkrankung; auch tote Tiere können ansteckend sein.

IMMUNITÄT (nach Erkrankung): entfällt, da die Erkrankung immer tödlich endet

IMPFUNG:
nach Kontakt: am 1. Tag (simultan Tollwut-Impfstoff und Tollwut-Immunglobulin), dann weitere Impfungen am 4., 7., 14., 30. und evtl. am 90. Tag
prophylaktische Impfung: 2 Impfungen im Abstand von 1 Woche, 3. Impfung nach 3 bis 4 Wochen, 1. Auffrischimpfung nach 1 Jahr
In beiden Fällen bei weiter bestehendem Risiko: Auffrischimpfungen alle 2 bis 5 Jahre

## PNEUMOKOKKEN

Pneumokokken gehören zu den häufigsten Erregern von Lungen-, Mittelohr- und Nasennebenhöhlentzündung sowie Hirnhautentzündungen im Kindesalter. Es gibt 90

Erregertypen dieser Bakterien. Sie sind weit verbreitet und werden auch bei Gesunden im Nasen-Rachenraum gefunden. Die ERKRANKUNG kann prinzipiell bei allen Menschen auftreten, aber in der Regel wird eine Pneumokokken-Infektion erst durch eine Grundkrankheit möglich. Vor allem sehr junge Kinder, ältere Menschen, chronisch Kranke und Personen, deren Immunsystem geschwächt ist, erkranken an Pneumokokken-Infektionen. Auch wenn der Pneumokokkenstamm sehr aggressiv ist, begünstigt dies eine Erkrankung. Besonders anfällig sind auch Patienten, die keine Milz haben oder deren Milz nicht richtig funktioniert.

Auch eine überstandene Pneumokokken-Infektion schützt nicht vor einer weiteren Pneumokokken-Erkrankung mit einem anderen Erregertyp. Deshalb bietet bei besonders gefährdeten Personengruppen nur eine IMPFUNG Schutz vor den Folgen dieser Erkrankung. Der für Kinder ab vollendetem zweiten Lebensjahr und Erwachsene zugelassene Impfstoff enthält die für diese Altersgruppen wichtigsten 23 Erregertypen (sogenannter Polysaccharid-Impfstoff). Eine Impfung wird für alle Risikopatienten (Kinder und Erwachsene) mit chronischen Lungen- und Herz-Kreislauf-Erkrankungen, Zucker (Diabetes mellitus), chronischen Nierenerkrankungen sowie Erkrankungen des Immunsystems empfohlen. Besonders wichtig ist der Impfschutz für Patienten, deren Milz fehlt oder nicht arbeitet, z. B. nach einem Unfall.

Der Grund, warum diese Pneumokokken-Impfung erst für Kinder ab dem vollendeten zweiten Lebensjahr zugelassen ist, liegt darin, dass der Polysaccharid-Impfstoff Abwehrzellen benötigt, die bei Säuglingen zunächst noch wenig ausgebildet bzw. funktionstüchig sind. Inzwischen gibt es aber auch für diese Altersgruppe einen neuen Impfstoff (s. nächstes Kapitel).

## Information in Stichworten

ERREGER: verschiedene Typen von Streptococcus pneumoniae (=Pneumokokken), bekapselte Bakterien

ÜBERTRAGUNGSWEGE: von Mensch zu Mensch durch Tröpfcheninfektion; Erkrankung ist als Folge einer allgemeinen Abwehrschwäche (z. B. in Folge einer chronischen Erkrankung, einer Virusinfektion oder Ähnlichem) möglich.

INKUBATIONSZEIT: kann nicht angegeben werden, da viele Menschen gesunde Keimträger sind

KRANKHEITSBILD: Lungenentzündung, Mittelohrentzündung, Nasennebenhöhlenentzündung, Sepsis und Gehirnhautentzündung mit hoher Sterblichkeit und bleibenden Hirnschäden

ANSTECKUNGSFÄHIGKEIT: unterschiedlich, je nach individueller Abwehr

IMMUNITÄT (nach Erkrankung): nur gegen den speziellen Erreger; Neuinfektion mit einem anderen Erregertyp ist möglich.

IMPFUNG MIT POLYSACCHARID-IMPFSTOFF:
Kinder ab dem vollendeten 2. Lebensjahr: einmalige Impfung, Auffrischimpfung nach 3 Jahren
Erwachsene: einmalige Impfung, Auffrischimpfung nach 6 Jahren

7. Neue Impfstoffe

## PNEUMOKOKKEN BEI SÄUGLINGEN

Pneumokokken verursachen bei Kindern Mittelohr- (Otitis media), Nasennebenhöhlen- und Lungenentzündung (siehe auch im vorangehenden Kapitel). Gefürchtet im Säuglings- und Kleinkindalter sind vor allem Hirnhautentzündungen (Meningitis) und die Ausbreitung der Pneumokokken auf dem Blutweg (Sepsis). Diese ERKRANKUNGEN beginnen oft sehr plötzlich, oder es ist eine Erkältung mit Nasennebenhöhlen-Beteiligung oder Mittelohrentzündung voraus gegangen. Bei älteren Kindern und Erwachsenen bestehen meist hohes Fieber, starke Kopfschmerzen und Nackensteifigkeit, bei Säuglingen kann die Krankheit auch schleichend beginnen. Es kommt zu Erbrechen, Herz-Kreislauf-Versagen, Bewusstseinsstörungen, Krampfanfällen, Lähmungen und im schlimmsten Fall zum Tode.

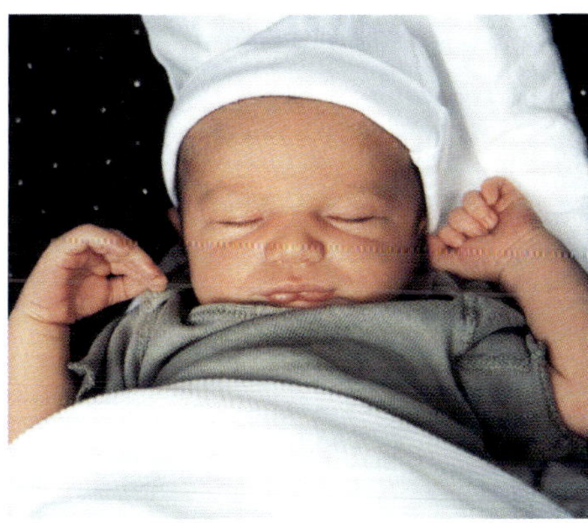

Die Sterblichkeit einer durch Pneumokokken verursachten Hirnhautentzündung oder Sepsis liegt trotz antibiotischer Behandlung bei zehn Prozent. Bei Überlebenden bleiben oft Hirnschäden zurück. Die Meningitis durch Pneumokokken hat die höchste Komplikationsrate unter allen Meningitis-Erregern. Sie führt besonders häufig zur Schwerhörigkeit oder Taubheit.

Bisher war es nicht möglich, Säuglinge gegen Pneumokokken mit einer Impfung zu schützen, weil für sie kein wirksamer Impfstoff zur Verfügung stand. Seit neuestem gibt es aber einen Impfstoff mit einem anderen Wirkmechanismus als beim herkömmlichen Pneumokokken-Polysaccharid-Impfstoff. Dieser neue, sogenannte Konjugat-Impfstoff, ist dem Hib-Impfstoff vergleichbar und regt auch schon im Säuglingsalter die Immunantwort gegen diese kapseltragenden Bakterien an, indem er die Abwehrmechanismen des Säuglings anstößt. Er ist gegen die sieben wichtigsten Erregertypen gerichtet, die Pneumokokken-Infektionen im Säuglingsalter hervorrufen. In mehreren Studien wurde gezeigt, dass Pneumokokken-Impfungen mit diesem Impfstoff bei nahezu allen Säuglingen schwere Pneumokokken-Erkrankungen verhüten konnten, und auch durch diese Erreger verursachte Mittelohrentzündungen wurden bei geimpften Säuglingen seltener gesehen.

## Information in Stichworten

PNEUMOKOKKEN-ERKRANKUNGEN: Erreger, Übertragungswege, Inkubationszeit, mögliches Krankheitsbild etc. sind schon im vorigen Kapitel aufgeführt worden (s. dort)

KRANKHEITSBILD DER HIRNHAUTENTZÜNDUNG IM SÄUGLINGSALTER: oft schleichend beginnend, aber auch als Folge von Mittelohrentzündung oder Nasennebenhöhlenentzündung. Fieber, Nackensteifigkeit, Erbrechen, Krampfanfälle, Bewusstseinsstörungen, Lähmungen, Tod innerhalb von Stunden, bleibende Hirnschäden oder Hörverlust.

IMPFUNG:
- Kinder ab dem 3. bis zum 7. Lebensmonat: 3 Impfungen im Abstand von 4 Wochen
- Kinder ab dem 7. Lebensmonat bis zu 1 Jahr: 2 Impfungen im Abstand von 4 Wochen
- Kinder im 2. Lebensjahr: 1 Auffrischimpfung
- Kinder ab dem 24. Lebensmonat: 1 Impfung
- Kinder mit besonderem Risiko: zusätzlich 23-valenter-Polysaccharid-Impfstoff 8 Wochen nach der letzten Dosis.
- später: Auffrischimpfungen, soweit erforderlich, mit dem Polysaccharid-Impfstoff (s. voriges Kapitel)

## MENINGOKOKKEN

Meningokokken finden sich bei etwa zehn Prozent aller Menschen im Nasen-Rachenraum, führen aber meist nicht zu Erkrankungen. Die Erreger heißen Neisseria meningitidis und sind wie die Hib- und Pneumokokken-Keime von Kapseln umschlossen.

Die ERKRANKUNG beginnt mit Erkältungssymptomen wie Hals-, Kopf- und eventuell Ohrenschmerzen gefolgt von Fieber und allgemeiner Schwäche. Wenn die Krankheit früh genug erkannt wird, kann sie mit Antibiotika behandelt werden. Oft verläuft die Infektion aber sehr akut und führt – vor allem bei Säuglingen – innerhalb weniger Stunden zu schwerstem Krankheitsbild, so dass eine Antibiotika-Therapie zu spät wirksam wird. In mehr als der Hälfte der schweren Fälle tritt eine Gehirnhautentzündung auf, oft gleichzeitig mit einer Streuung der Keime ins Blut (Sepsis). Eine besonders schwere Form der Sepsis geht mit kaum beherrschbaren Gerinnungsstörungen, Blutungen und Organversagen einher. Schwere Meningokokken-Erkrankungen führen oft zum Tode oder zu bleibenden geistigen oder körperlichen Behinderungen. Weitere Komplikationen einer Meningokokken-Erkrankung können beispielsweise Mittelohrentzündung oder Nasennebenhöhlenentzündung sein.

Man geht heute von 13 verschiedenen Erregertypen aus, die sich vor allem durch ihre Antigene auf der Bakterienkapsel unterscheiden. Die Krankheiten werden aber nur durch fünf Typen verursacht. In Deutschland herrschen Erkrankungen durch den Typ B vor, gegen den es aber leider bisher keinen Impfstoff gibt. Es werden jedoch bei uns auch Erkrankungen durch Bakterien mit dem Kapseltyp A gesehen. Typ C hatte in den letzten Jahren einen Anteil von 20 Prozent an allen bei uns auftretenden Meningokokken-Erkrankungen. In einigen Teilen Deutschlands liegt der Anteil von Typ C bei 40 Prozent.

Im Gegensatz zu Deutschland gibt es in Afrika im „Meningitis-Gürtel" und in anderen tropischen Ländern vor allem Erkrankungen mit Typ A. Für diese Länder selbst, aber auch als Reiseimpfung, gibt es schon lange einen Impfstoff, der Polysaccharide der Kapsel als Substanz enthält, der aber bei Säuglingen und jüngeren Kindern nicht ausreichend wirksam ist. Neuerdings gibt es jedoch einen Konjugat-Impfstoff gegen Erreger des Typ C, der bereits bei Säuglingen und Kleinkindern eingesetzt werden kann.

In den letzten Jahren hat es bei uns einige Kleinepidemien mit dem Bakterientyp C gegeben, so beispielsweise in Bayern. Auch in England, wo die Verbreitung der verschiedenen Bakterientypen bisher ähnlich wie bei uns war, gab es in den vergangenen Jahren eine starke Zunahme von Fällen an Hirnhautentzündung mit Typ C. Man hat deshalb Massenimpfungen bei allen Studenten und Schülern vorgenommen, überwiegend mit dem Konjugat-Impfstoff und impft seither alle Säuglinge und Kleinkinder routinemäßig gegen Meningokokken C. Seitdem hat dort die Zahl der Hirnhautentzündungen drastisch abgenommen.

## Informationen in Stichworten

ERREGER: verschiedene Typen von Neisseria meningitidis, bekapselte Bakterien

ÜBERTRAGUNGSWEGE: von Mensch zu Mensch durch Tröpfcheninfektion

INKUBATIONSZEIT: 2-5 Tage

KRANKHEITSBILD: Symptome einer Erkältungskrankheit, als schwerste Komplikation oder hoch akut Hirnhautentzündung, Sepsis mit schwerer Gerinnungsstörung und Organversagen

ANSTECKUNGSFÄHIGKEIT: meist nur wenige Tage

IMMUNITÄT (nach Erkrankung): länger anhaltende Immunität nur gegen den Bakterientyp, mit dem der Betroffene befallen war

IMPFUNG:
bei Meningokokken-C-Ausbrüchen und bei besonderer Indikation im Säuglingsalter, auch bei Reisen in ausgewiesene Meningokokken-C-Gebiete,
ab dem 3. Lebensmonat: 3 Impfungen im Abstand von 4 Wochen
4. Impfung ab dem 13. Lebensmonat
später: einmalige Impfung

# 8 Was Sie noch über Impfungen wissen sollten

## SIND IMPFSTOFFE GEFÄHRLICH?

Impfstoffe gehören zu den besten Arzneimitteln, die wir haben. Die Sicherheit dieser „High-Tech"-Produkte ist sehr hoch, und das Risiko, infolge einer Impfung ernsthafte Schäden zu erleiden oder gar bleibende Gesundheitsschäden davonzutragen, ist extrem gering. Aber wie alle Medikamente können Impfstoffe – auch bei Beachtung aller Vorsichtsmaßnahmen – unerwünschte Nebenwirkungen haben. Zu unterscheiden sind die Impfreaktion als normaler Ausdruck der Impfwirkung (z.B. Rötung an der Einstichstelle oder Fieber); die Impfkomplikation als eine vorübergehend behandlungsbedürftige Erkrankung (z.B. früher die Entzündung der Lymphknoten nach Impfung gegen Tuberkulose) in der Größenordnung von ca. einem Fall auf eintausend Impfungen; und der Impfschaden als bleibende gesundheitliche Beeinträchtigung in der Größenordnung von ca. einem Fall auf mehrere Millionen Impfungen (z.B. Lähmung nach der früher

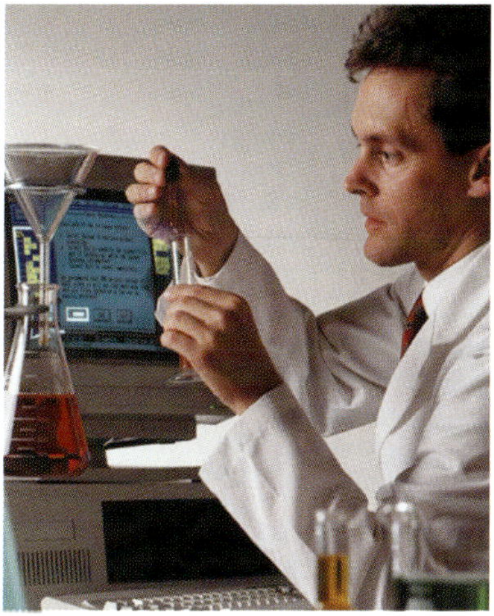

durchgeführten Schluckimpfung mit Lebendimpfstoff gegen Kinderlähmung). Die zuletzt genannten Impfungen gegen Tuberkulose und die Schluckimpfung gegen Kinderlähmung werden aus diesem Grund von der STIKO nicht mehr empfohlen. Die heute verwendeten Impfstoffe sind sehr sicher.

Nur in extrem seltenen Fällen können also Impfungen einen gesundheitlichen Schaden verursachen. Die Erkrankung wird weitaus häufiger von schweren Komplikationen begleitet als die Impfung. Und es kann keineswegs davon ausgegangen werden, dass ein Kind, das einen Impfschaden erleidet, im Falle einer Erkrankung diese problemlos überstanden hätte. Denn die Impfung ahmt ja in abgeschwächter Form die Erkrankung nach.

Impfstoffe, die vor mehreren Infektionskrankheiten gleichzeitig schützen (z. B. Masern-Mumps-Röteln-Impfstoffe oder die neuen Mehrfach-Impfstoffe, mit denen man gleichzeitig gegen Diphtherie, Tetanus, Keuchhusten, Hib, Hepatitis B und Kinderlähmung impft), sind genauso sicher wie solche, die nur gegen einen Krankheitserreger immunisieren. Unser Körper muss sich täglich mit viel mehr neuen Stoffen, auch Krankheitskeimen gleichzeitig auseinandersetzen, als er durch eine Kombinationsimpfung erhält.

Sollte es nach einer Impfung bei Ihrem Kind zu Krankheitssymptomen kommen, die über die normalen Reaktionen hinausgehen, sollten Sie in jedem Fall den Impfarzt zu Rate ziehen. Es muss sich dabei nicht zwangsläufig um eine Nebenwirkung der Impfung handeln. In jedem Fall sollte schnellstens abgeklärt werden, woran Ihr Kind leidet. Auch kann die Reaktion auf die Impfung Anlass dafür sein, einer bislang unerkannten Krankheit auf die Spur zu kommen.

## DÜRFEN KINDER MIT ALLERGIE GEIMPFT WERDEN?

Dazu muss zuerst geklärt werden, ob es sich bei der Allergie um eine Allergie gegen Impfstoffbestandteile oder um eine anderweitige Allergie handelt.

Im letzten Fall muss vor einer Impfung keine besondere Vorsichtsmaßnahme ergriffen werden. Das Kind kann normal geimpft werden. Manchmal kann es danach eventuell zu einer etwas stärkeren Impfreaktion kommen, wie z.B. einer Rötung und Schmerzen an der Impfstelle, was aber harmlos und kein Grund ist, die Impfung zu vermeiden.

Selbst bei nachgewiesener Allergie auf Bestandteile des Impfstoffes ist im Allgemeinen keine besondere Vorsicht nötig, denn diese Stoffe sind nur in so geringer Dosis im Impfstoff enthalten, dass sie nur extrem selten allergische Reaktionen verursachen können.

Impfstoffe, die auf Hühnerfibroblasten-Zellkulturen gezüchtet werden, z.B. der Masern-Mumps-Röteln-Impfstoff, können auch bei Kindern mit Unverträglichkeit gegen Hühnereier geimpft werden, weil das Eiweiß im Impfstoff ein anderes als das in Eiern ist.

Für Kinder mit Neurodermitis wird von der STIKO sogar die zusätzliche Impfung gegen Windpocken empfohlen, weil sich die Neurodermitis durch die Windpocken deutlich verschlimmern kann.

Umfangreiche Studien haben gezeigt, dass gut geimpfte Kinder seltener Allergien haben als solche, die nicht geimpft wurden. Allgemein wird empfohlen, bei allergischen Kindern Kombinationsimpfstoffe zu verwenden, damit sie nicht mehrmals hintereinander die gleichen Begleitsubstanzen gespritzt bekommen.

## WER SOLLTE NICHT GEIMPFT WERDEN?

Um abzuklären, ob es Gründe gibt, die gegen eine Impfung Ihres Kindes sprechen oder die das Aufschieben des Impfzeitpunktes ratsam erscheinen lassen, wird Ihr Arzt vor der Impfung ein Gespräch mit Ihnen führen. Eine akute fieberhafte Erkrankung, ein Immunmangel oder eine in nächster Zeit bevorstehende Operation Ihres Kindes könnten von einer Schutzimpfung vorübergehend absehen lassen. Ein leichter „Infekt" ist dagegen im Allgemeinen kein Grund, die Impfung zu verschieben. Den Impfarzt sollten Sie jedenfalls vor der Impfung über akute oder chronische Erkrankungen Ihres Kindes in Kenntnis setzen.

Den meisten Patienten mit einer nachgewiesenen Immunmangelerkrankung können Totimpfstoffe gegeben werden. Es sollte jedoch überprüft werden, ob diese Menschen genügend Abwehrstoffe bilden und einen ausreichenden Infektionsschutz aufbauen. Das Verabreichen von Lebendimpfstoffen verbietet sich hier im Allgemeinen, weil diese bei solchen Patienten eine zusätzliche Erkrankung auslösen können. Das Vorgehen sollte im Einzelfall mit einem Experten abgesprochen werden.

Bei den meisten chronischen Erkrankungen sind Schutzimpfungen aber nicht nur möglich, sondern sogar besonders angeraten, um den ohnehin geschwächten Organismus vor zusätzlicher Belastung durch die Folgen einer Infektion zu bewahren. So sollten z. B. Kinder, die an Asthma oder chronischer Bronchitis leiden, die zuckerkrank sind oder eine chronische Nierenerkrankung haben, zusätzlich gegen Influenza (Virusgrippe) und evtl. auch gegen Pneumokokken geimpft werden.

Schließlich gibt es Infektionskrankheiten, gegen die in jedem Fall und ohne jede Ausnahme geimpft werden muss, wenn die Gefahr der Infektion gegeben ist: z. B. nach einem Biss oder einer Verletzung durch einen unbekannten Hund oder ein Wildtier (Gefahr von Tollwut oder Tetanus). Tollwut verläuft immer tödlich, wenn nicht sofort geimpft wird, und an Tetanus sterben immer noch mehr als ein Viertel der Erkrankten.

# 9. Glossar

**Aktive Immunisierung:** Schutzimpfung mit Lebend- oder Totimpfstoffen, um gegenüber Krankheitserregern eine Immunität zu erzeugen, die der natürlich erworbenen Immunität nach Überstehen einer Krankheit gleichkommt.

**Antigen:** Krankheitserreger und andere Stoffe (meist Eiweißkörper), die nach Kontakt mit dem Organismus eine Immunantwort, also vor allem die Bildung von Antikörpern, auslösen.

**Antikörper:** Abwehrstoffe (Gammaglobuline), die im Organismus nach Kontakt mit Antigenen gebildet werden. Sie reagieren gezielt und spezifisch mit dem Antigen und machen es unschädlich. Sie sind im Blut und Gewebe vorhanden.

**Antiserum, tierisches:** Serum vom Tier, das besonders viele gegen ein bestimmtes Antigen gerichtete Antikörper enthält. Als Heilserum wird es zur passiven Immunisierung bei einigen Infektionskrankheiten (z. B. Diphtherie) oder auch bei Schlangenbissen verabreicht.

**Auffrischimpfung:** Wiederimpfung eine bestimmte Zeit nach der Grundimmunisierung, um das Immunsystem erneut anzuregen.

**Bakterien:** Einzellige Lebewesen, die vor allem als Krankheitserreger und bei Gärungs- und Fäulnisprozessen eine Rolle spielen.

**Dosis:** Die vom Arzt verordnete Menge eines Arzneimittels

**Durchimpfungsrate:** Prozentsatz aller Geimpften zur Gesamtbevölkerung

**FSME (Frühsommer-Meningo-Enzephalitis):** Eine durch Zeckenbiss übertragene Viruserkrankung des Zentralnervensystems, bei der es vor allem zu einer Entzündung der grauen Gehirnsubstanz kommt.

**Gammaglobulin:** Bestandteil des Blutes, der die Antikörper enthält; spezifisches Gammaglobulin (auch Hyperimmunglobulin) enthält besonders viele Antikörper gegen ein bestimmtes Antigen (z. B. Tetanus-Immunglobulin, Hepatitis-B-Immunglobulin).

**Grundimmunisierung:** Die – meist mehrfache – Gabe eines Totimpfstoffes zum ersten Aufbau der Immunität.

**Gürtelrose:** Durch Reaktivierung der Herpes-Zoster-Viren (Windpocken-Erreger) verursachte Erkrankung mit bläschenartigem Ausschlag, die durch starke Nervenschmerzen gekennzeichnet ist. Jeder einmal an Windpocken Erkrankte kann im späteren Leben eine Gürtelrose entwickeln.

**Hepatitis:** Entzündung des Lebergewebes, meist mit Leberschädigung, häufig mit einer Gelbsucht verbunden.

**Herpes:** Bläschenerkrankung durch Viren auf Haut und Schleimhaut.

**Immunglobulin:** siehe Gammaglobulin

**Influenza:** Virusgrippe

**Inkubationszeit:** Die Zeit zwischen Ansteckung und Ausbruch einer Krankheit.

**IPV:** Inaktivierte Polio-Vakzine; inaktivierter Impfstoff (Totimpfstoff) gegen Kinderlähmung, wird gespritzt.

**Kombinationsimpfstoff:** Zusammenfassung mehrerer Antigene zu einem Impfstoff, der gegen mehrere Infektionskrankheiten gleichzeitig schützt.

**Konjugat-Impfstoffe:** moderne Impfstoffe, die bei Infektionen mit bekapselten Bakterien (Hib, Pneumokokken, Meningokokken Typ C) auch schon im Säuglingsalter einen guten Schutz herbeiführen
**Lebendimpfstoff:** Impfstoff, der aus abgeschwächten, lebenden Krankheitskeimen besteht.
**Leukämie:** Blutkrebs
**Lymphknoten:** Kleine rundliche Organe (haselnussgroß), die in das Lymphsystem eingeschaltet sind. Hier vermehren sich die Lymphozyten (Abwehrzellen), die mit Antigenen in Kontakt gekommen sind.
**Neurodermitis:** Medizinisch als „atopisches Ekzem" bezeichnete juckende Hautkrankheit.
**OPV:** Orale Polio-Vakzine; oraler Impfstoff gegen Kinderlähmung (Schluckimpfung)
**Passive Immunisierung:** Einspritzung von spezifischen Antikörpern (Gammaglobulinen) zur Vorbeugung oder Behandlung einer Krankheit.
**Pertussis:** Keuchhusten
**Pneumokokken:** Bakterien, die vor allem die Atemwege befallen und Lungenentzündungen, Nasennebenhöhlenentzündungen, Mittelohrentzündungen und Hirnhautentzündungen verursachen.
**Polio, besser Poliomyelitis:** Kinderlähmung
**Polysaccharide:** mehrfach verknüpfte Zuckermoleküle
**Sepsis:** Ausbreitung von Bakterien auf dem Blutweg
**Simultanprophylaxe:** Gleichzeitige aktive und passive Immunisierung, z. B. die Tetanusimpfung plus Tetanus-Immunglobulin bei einer Verletzung, wenn kein ausreichender Schutz durch Impfung vorhanden ist.

**STIKO:** Ständige Impfkommission am Robert Koch-Institut
**Tetanus:** Wundstarrkrampf
**Totimpfstoff:** Impfstoff, der abgetötete Viren oder Bakterien oder Bestandteile von Erregern enthält.
**Toxin:** Gift
**Toxoid:** (z. B. durch Hitze) Unschädlich gemachtes Gift
**Toxoid-Impfstoff:** Enthält das unschädlich gemachte Gift eines Krankheitserregers.
**Tröpfcheninfektion:** Infektion, die beim Husten und Niesen von Kranken durch erregerhaltige kleinste Tröpfchen übertragen wird.
**Vakzine:** Impfstoff
**Varizellen:** Windpocken
**Viren:** Sammelbezeichnung für biologische Strukturen, meist Krankheitserreger, die entweder aus DNA oder RNA bestehen, sich selbst aber nicht vermehren können. Dazu benötigen sie Wirtszellen, entweder von Mensch, Tier oder Pflanze.
**ZNS:** Zentralnervensystem; Bezeichnung für Gehirn und Rückenmark zusammen
**Zoster (Herpes Zoster):** Gürtelrose

## Weitere Titel aus dem VERLAG im KILIAN:

**Kinderunfälle verhindern**
Mehr Sicherheit in Haus und Umgebung
Brigitte Bohnke, Klaus Afflerbach

ISBN 3-932091-35-3
100 Seiten
24,80 DM/23,- sFr/234,- öS
Broschur

**Mit Kindern gesund und sicher reisen**
Tipps für unbeschwerte Ferien (2. überarb. Auflage)
Burghard Stück (Hg.)

ISBN 3-932091-45-0
68 Seiten
18,- DM/17,- sFr/131,- öS
Broschur

**Kinder und Neurodermitis**

Fragen & Antworten

(Empfohlen vom Deutschen Neurodermitiker Bund e. V.)

Uwe Gieler, Annegret Schulte, Claudia Rehbock

(2. Auflage)

ISBN 3-932091/06-X

219 Seiten

26,- DM/24,- sFr/190,- öS

Broschur

**Kompass für gesunde Ferien**
Sigrid Ley, Heike Thiesemann-Reith

ISBN 3-932091-44-2
116 Seiten
9,90 DM/9,40 sFr/72,- öS
Broschur

**Stammzellen aus der Nabelschnur**
Neu Wege der Gesundheitsvorsorge für ihr Kind
Dr. Mathias Schmidt

ISBN 3-932091-67-1
ca. 112 Seiten
ca. 24,80 DM/23,- sFr/181,- öS
Broschur